Kaoru Takeda
Maniac Lesson

狂熱糕點師的
「凝固劑」研究室

竹田薫

瑞昇文化

前言 *prologue*

無論是第一次相遇的讀者，還是已經相當熟悉在下著作的讀者，
都非常感謝各位願意閱讀本書。

我在2018年與2019年連續2年分別於日本出版了
《狂熱糕點師的洋菓子研究室》、《狂熱糕點師的「乳化&攪拌」研究室》
這兩本烘焙糕點書籍。

烘焙蛋糕是一門博大精深的學問，我現在仍然熱愛製作並品嘗糕點。
雖然我平時總是不斷在烘烤糕點，
心中卻也會萌生出「咦？原來我很喜歡鮮奶油啊？？？」的念頭。
許多授課學生更表示，
「希望老師開設餐後甜點或杯子甜點這類冰鎮甜點（歸類在生菓子）的課程」，
於是我在上自家課程時，也指導了學生非常多種生菓子的製作。
各位對於生菓子（濕糕點）有什麼樣的印象呢？

應該都會有「做成果凍之後變得不甜」、
「吉利丁無法順利凝固變硬」、「每次用洋菜粉製作的成品硬度都不同」、
「不太喜歡慕斯的口感」、「不知道為什麼會變這樣」的疑問吧？

生菓子中不可或缺的慕斯，就能細分出許多種類，
例如打發鮮奶油後直接與果泥混合的簡單慕斯，或是加入雞蛋的慕斯。
加蛋版本又會分出幾種不同作法。
包含了書中介紹的英式蛋奶醬、蛋黃霜基底，
以及其他像是以卡士達醬為基底的慕斯。
另外，甚至還有巧克力慕斯這類作法又完全不同的慕斯。

無論是哪種慕斯，使用素材對於化口度和硬度的影響都會相當複雜，
所以必須充分掌握並衡量食材特性。

我就是希望能解決這些疑問，對各位的糕點之路帶來幫助，
於是決定以「凝固劑」作為第三彈，也就是本書的主題。

日本的凝固劑種類非常多樣，其中不泛日本特有的凝固劑。
在各家業者的努力研發下，我們得以在市面上挑選各種不同特色的商品。
以凝固劑種類來說，
本書會提到吉利丁片、洋菜粉、寒天、果膠粉這幾種較具代表性的類型，
並針對每種凝固劑適合搭配的食材，以及容易出現影響的食材進行驗證。

以實際情況來說，我們可能必須設定好所有條件，
甚至使用精密儀器，才有辦法調查其中的差異。
但這些成品都是我們會透過味蕾品嚐的東西，
所以本書不以儀器檢測硬度，
而是改藉由人的眼、口、手加以感受確認。

雖然說是凝固劑，但每種凝固劑的原料、特性、特徵表現各有不同，
其他食材亦是如此。
還有許多製作前必須先掌握，才能減少失敗機率的重點。
多了解相關知識，能製作的糕點種類就會大幅增加。

本書不僅做了驗證，更會介紹多種非常美味的生菓子食譜。
是本能讓各位享受到不同口感的生菓子書籍。

非常希望本書能對各位的糕點之路帶來幫助，
也期待各位能將本書置於身旁，隨時拿起閱讀。

竹田薰

contents

Lesson 01
吉利丁

【書中基本原則】
・書中標示的烘烤資訊為瓦斯烤箱的加熱溫度與時間。
・加熱溫度、加熱時間與出爐的成品會因烤箱或微波爐的機型不同有所差異。
・需使用到烤箱時，請務必在烘烤前充分預熱至加熱溫度。
・書中使用的微波爐規格為500W。

關於材料

製作糕點的第一步必須從挑選材料開始。
另一方面，如何保存
未使用完的材料也非常重要。
請各位掌握選法及材料特徵，
讓糕點成品更接近理想。

〔吉利丁、洋菜粉、寒天、果膠粉〕

果凍、慕斯，水羊羹這類冰鎮甜點會使用吉利丁、洋菜粉、寒天等凝固劑（膠化劑）加以凝固。各位可依用途、口感選用合適的凝固劑。法式軟糖、果醬則會使用另一款名叫果膠粉的凝固劑。無論哪種凝固劑都要避免陽光直射、高溫潮濕，密封後存放於乾燥環境。

〔砂糖〕

砂糖不僅會影響味道，更是發揮香氣與口感的重要材料。每種砂糖的特徵表現皆非常強烈，務必選用符合糕點特性的砂糖（參照P10）。

砂糖容易走味，因此保存時，請勿擺放於巧克力等氣味濃烈的材料旁。

〔雞蛋〕

雞蛋本身的味道會直接影響糕點風味，因此選擇哪種蛋就非常重要。各位可整年都使用同一款雞蛋，來掌握產卵時期與雞隻個體大小，會對蛋白強度或蛋黃大小帶來怎麼樣的差異。

〔奶油〕

大多數的食譜皆使用無鹽奶油。特徵等詳細內容請參照P.11。

奶油是既容易走味，又容易變質的食材。保存時需密封包緊，完全阻絕光線，並盡早使用完畢。冷凍保存則請完全密封阻絕空氣。

〔果泥〕

嚴選當季水果加工，才能使品質精良，風味穩定。果泥又可分成有糖與無糖兩種。使用前取需要量解凍即可。果泥開封後要密封、冷凍保存，並盡早使用完畢。

〔鮮乳〕

本書使用乳脂含量3.6％以上的鮮乳。乳脂含量低於3.6％的鮮乳缺乏濃郁度及風味，會使糕點成品呈現薄弱。請避免使用加工牛奶，挑選寫有「成分無調整」的鮮乳。

〔鮮奶油〕

本書使用乳脂含量約為36％的動物性鮮奶油。增加乳脂含量百分比的話，鮮奶油會改變其他食材的風味呈現，因此務必使用食譜記載的鮮奶油。外出採購時別忘了準備保冷袋，確保低溫狀態。另外，鮮奶油不耐溫度變化及搖晃，請避免擺放冰箱門邊，改放較不會挪動的位置。

〔麵粉〕

麵粉會明顯影響糕點的口感及味道，需視情況選擇低筋麵粉或中高筋麵粉（參照P.11）。保存時需密封，避免接觸濕氣，多雨季節務必特別注意保存。

關於凝固劑

吉利丁、洋菜粉、寒天、
果膠粉是製作糕點常用的凝固劑。
想讓糕點成品更接近理想口感的話，
掌握每種凝固劑的特徵就很重要。
本書將原料與特徵等內容彙整成右頁的
「凝固劑比較表」。
每款商品可能也會有差異，
敬請找出自己心儀的凝固劑。

吉利丁

〔吉利丁製法〕

必須先進行前置處理，才能從原材料中萃取出吉利丁。所謂前置處理，又可分成酸處理與鹼處理兩種，處理方式不同，產品具備的特性也會有所差異，但無論何者，處理後都必須再水洗、加熱，精煉出吉利丁汁液，接著進行過濾、精煉、殺菌、乾燥等工序，最後製成產品。吉利丁產品的形狀又可分成片狀、粉末及顆粒。

〔膠強度〕

日本JIS規範會以膠強度（jelly strength）作為吉利丁凝固程度的依據，藉此看出膠體硬度。吉利丁產品包裝都會標示，使用時可作為參考。

〔等級〕

每個業者都會推出各種不同等級的吉利丁商品，品質、透明度、凝固程度也會有所差異。一般而言，等級愈高，透明度等品質表現會愈好，凝固力也會愈強，添加少量就能順利凝固。

洋菜粉

〔洋菜粉種類〕

各產品的差異甚大，使用前務必確認是否適合要製作的甜點。

寒天

〔寒天粉製法〕

將原料洗淨並萃取出成分。過濾出寒天液與殘渣，等寒天液凝固後，進行脫水、乾燥、粉碎步驟，最後再均值化處理，製成商品。

果膠粉

〔果膠粉種類與製法〕

可分成HM（高甲氧基，high methoxyl）果膠粉和LM（低甲氧基，low methoxyl）果膠粉，兩者差異在於製法。將蘋果、柑橘類的果皮水解後，進行分離、凝集處理，再以加入酒精沈澱，接著會繼續清洗、乾燥、粉碎步驟，便可製成HM果膠粉。將HM果膠粉脫甲基化、清洗後，便能取得LM果膠粉。HM果膠粉與酸和糖反應後會變硬，LM果膠粉則會與鈣等物質反應變硬，可依照其特性區分使用。

凝固劑比較表

下表彙整出凝固劑的原料、使用條件與特徵等。
每樣產品表現不盡相同，使用前務必確認產品包裝。

凝固劑種類		吉利丁	洋菜粉	寒天	果膠粉 HM	果膠粉 LM
原料		動物（豬、牛等）骨、皮、魚鱗所含的膠質	海藻（紅海藻、角叉菜等）所含的鹿角菜膠、豆科種子內含的刺槐豆膠	海藻（石花菜、真江蘺等紅藻類）	蔬果（蘋果、柑橘類果皮）等	
性質		動物性	植物性	植物性	植物性	
主要成分		膠質（一種蛋白質）	膳食纖維	膳食纖維	膳食纖維	
用途		果凍、慕斯、義式奶凍、巴巴露亞（Bavarois）、棉花糖、起司蛋糕	果凍、水羊羹、杏仁豆腐	寒天果凍、錦玉羹、羊羹、心太涼粉、杏仁豆腐	法式軟糖、高糖度果醬	低糖度果醬、添加鮮奶的果凍、鏡面果膠
凝固條件	融化溫度	50～60℃	80～90℃	90℃以上	80～100℃	80～100℃
	開始凝固溫度	15～20℃	35～60℃	35～45℃	60～80℃	50～60℃
	凝固後再次融化溫度	25℃以上 ※常溫會融解	60～70℃ ※常溫下狀態穩定	85～95℃ ※常溫下狀態穩定	80～90℃ ※常溫下狀態穩定	100℃以上 ※常溫下狀態穩定
	添加率	2～3%	1～3%	0.3～3%	1～1.8%	0.2～2%
	pH（耐酸度）	不太耐酸	不太耐酸	不耐酸	非常耐酸	──
	特性	會受蛋白質分解酵素影響（無法凝固）	不受蛋白質分解酵素影響（會凝固）	不受蛋白質分解酵素影響（會凝固）	不帶酸的話不會凝固	不帶酸也可以凝固
特徵	口感	・化口性佳 ・彈性、黏性強 ・口感Q彈	・化口性佳 ・彈性、黏性強 ・口感Q滑	・較為脆硬 ・硬度適中 ・口感滑順	・彈性相當扎實	・成品軟嫩
	顏色、透明度	帶點黃色的透明感	無色透明	呈混濁白色	無色	無色
	凝固力	柔軟	稍強	很強	強	柔軟
					──	──
	熱量 ※每100g	347kcal	約330kcal ※依產品不同	3kcal	0kcal	0kcal

關於砂糖

砂糖種類繁多，不僅帶有甜味，還能讓糕點變得濕潤，
更是烤出漂亮顏色不可或缺的食材。
掌握砂糖的特徵，才能知道會做出怎樣的糕點成品。

◆ 何謂砂糖

　　砂糖的原料是甘蔗或甜菜，將榨取的汁液清淨、過濾（取得「透明糖液」），再經過濃縮→結晶→分離與乾燥步驟後，製成砂糖（上白糖、精製白糖、三溫糖等）。即便都是以甘蔗為原料，作法不同，製成的砂糖種類也不同，其中包含了將精製過程中的砂糖液繼續熬煮收汁的蔗糖，或是將榨取出的甘蔗汁液熬煮收汁的黑糖等。若再將製好的砂糖加工，又能變成方糖或糖粉。

　　砂糖除了帶有甜味外，經烘烤後還會變色（梅納反應），並擁有吸引水的特性（保水力）。不僅如此，砂糖還能奪取食品含有的水分（脫水力），讓食材不易損壞，提高保存性。砂糖會融化於麵團氣泡四周的水，透過增加黏度的方式讓氣泡處於穩定狀態。

◆ 種類與特徵

砂糖種類	特徵
上白糖	將去除不純物的結晶添加轉化糖漿製成的日本特有砂糖。甜味濃郁，能讓成品溼潤。
精製白糖	一種細顆粒的結晶狀精製糖，顆粒乾爽無強烈風味，但顆粒較大，因此不易融解。
微粒子精製白糖	顆粒更細緻的精製白糖，較能混合均勻且容易融解，適合用來製作糕點。（譯註：接近台灣的細砂糖，但微粒子精製白糖會比細砂糖的顆粒再小一些）
糖粉	將細砂糖磨成粉狀的砂糖。糖粉亦可細分多種種類，除了有純糖粉、含寡糖糖粉、含有水飴粉末的糖粉、添加玉米粉的糖粉外，還有添加油脂，作為裝飾用的糖粉。
Cassonade 蔗糖	使用百分之百甘蔗，屬未精製過的法國產粗糖。風味十足且表現濃郁。
蔗糖	將精製過程中，仍保留礦物質的砂糖液熬煮收汁製成。具備簡樸風味與甜味，並稍微帶點雜味。
三溫糖	將製作上白糖與精製白糖時精製而成的糖蜜反覆加熱後，所產生的焦化物，表現濃郁且充滿香氣。亦有添加焦糖的三溫糖。

關於麵粉

麵粉種類繁多，選擇頗具難度。
想要呈現出理想的口感，就必須掌握麵粉特徵。
這裡也會說明每款麵粉的表現差異。

◆ 麵粉性質

　　麵粉含有「麥穀蛋白」（Glutenin）與「醇溶蛋白」（Gliadin）兩種蛋白質。麥穀蛋白具備拉伸後會恢復原狀的「彈性」，醇溶蛋白則是具備能夠大幅拉伸的「黏性」。兩者與水結合後，會轉變為「麩質」（Gluten），形成兼具彈性及黏性的麵團。

　　麵粉的原料小麥可分為硬質小麥與軟質小麥，小麥的麩質質地與含量會大幅影響麵團狀態，選用合適的麵粉就能製作更多種類的糕點。硬質小麥主要使用於麵包，軟質小麥則多半用來製作糕點。

◆ 種類與用途

　　日本根據蛋白質含量將麵粉分成四大類。依麩質含量少至多、特性表現弱至強區分，分別為低筋麵粉、中筋麵粉、中高筋麵粉、高筋麵粉。製作海綿蛋糕或餅乾等柔軟麵團要使用低筋麵粉，塔類糕點等紮實麵團則要使用中高筋麵粉，會依不同需求選用麵粉。

主要的麵粉種類	麩質含量	麩質特性
低筋麵粉	少	弱
中筋麵粉	偏少	偏弱
中高筋麵粉	偏多	偏強
高筋麵粉	多	強

關於奶油

奶油能呈現出豐富的風味、濃郁度及口感。
奶油本身的味道會直接影響糕點風味。
根據要使用的食材挑選奶油可說非常重要。

◆ 奶油如何製成？

　　鮮乳經離心分離，就能取得奶油原料的乳脂。將乳脂殺菌冷卻，並維持低溫「靜置」使其熟成。接著進行劇烈攪拌的「攪乳」作業，製作脂肪細粒（奶油粒）。經水洗、加鹽後，再揉捏奶油粒，讓粒子中的水分與鹽分均勻分散，這時便能做出滑順的優質奶油。根據日本厚生勞動省乳等省令規範，將奶油的定義為「以鮮乳、牛乳、特別牛乳中的脂肪粒攪拌而成」、「乳脂肪成分需為80.0%以上、水分需為17.0%以下」。

◆ 本書使用的奶油

　　材料表中列有「發酵奶油」，若沒有特別說明，我都是使用明治乳業推出的無鹽發酵奶油。明治的發酵奶油雖然賞味期限短，卻帶有令人印象深刻的發酵香氣，能使糕點風味佳、氣味濃。

　　如果是以奶油作為基底來製作生菓子，有時奶油的表現甚至能影響整體味道的協調性。

書中使用的材料

◆ 凝固劑（吉利丁、洋菜粉、寒天、果膠粉）

吉利丁片（愛唯Ewald銀級吉利丁片）：原料為豬皮。薄片狀，相當方便使用的高品質吉利丁片。每片重約3.3g。每1000g材料的標準使用量為12片（39.6g）。／Ⓐ

Pearl Agar-8：以海藻為原料的凝固劑。擁有絕佳的透明度、彈性及光澤，無色無味，可加工成喜歡的顏色、口味或氣味。常溫下即可凝固，標準使用量為整體量的1.5～3%。／Ⓐ

HM果膠粉：製作法式軟糖、果醬時會用到的果膠粉。粒子細，容易結塊，務必先與砂糖混合後再加入液體中。／Ⓐ

LEAF吉利丁（頂級、金級、銀級）：原料來自豬隻的吉利丁片，非常普遍常見，使用範圍廣。／Ⓑ

	頂級	金級	銀級
每片重量	約2g	約2.5g	約3.3g
膠強度	205級	195級	170級
標準使用量	每1000g使用10片（20g）	每1000g使用8.5片（21g）	每1000g使用7片（23g）

吉利丁粉（金級、銀級）：原料來自牛隻的吉利丁，味道極淡，能充分發揮素材本身的風味，Q彈表現相當受喜愛。／Ⓑ

	金級	銀級
膠強度	200級	150級
標準使用量	每1000g使用20～25g	每1000g使用25～30g

顆粒型吉利丁（新銀級）：原料來自牛隻的吉利丁粉，業者以獨特技術製成顆粒形狀，能直接撒入溫度約50℃的液體中。沒什麼味道，非常方便使用。／Ⓑ

	新銀級
膠強度	150級
標準使用量	每1000g使用25～30g

伊那洋菜粉L：常溫下即可凝固的植物性凝固劑。標準使用量為整體量的1.5～2%。／Ⓒ

伊那寒天粉：粉末狀寒天。無味無臭、零卡路里，富含膳食纖維。製作500ml的寒天果凍時，標準使用量為4g。／Ⓒ

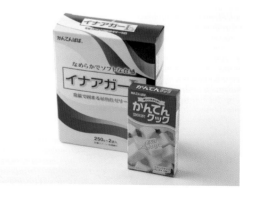

◆其他材料

果泥：待果實完全成熟後收成，再製成果泥。拉馥隄耶 La Fruitière的果泥特色在於使用了蔗糖，能將水果風味 完全呈現且極具深度。／**D**

酸奶油：乳酸發酵製成 的發酵乳製品，特色在 於清爽酸味。加入慕斯 中可增添濃郁度。／**E**

鮮奶油：本書主要使用 乳脂含量約36%的動物 性鮮奶油。／**E**

抹茶 城陽：香氣馥郁，與乳製品搭配時的顯色相當漂 亮。特色在於充滿深度的濃郁感，風味不會輸給其他素 材。品質優良，適合用來製作糕點。／**D**

法國粉（鳥越製粉）：日本最早開發的專業法國麵包專用 粉。能享受到小麥既有的風味及香氣。／**A**

去皮杏仁粉：將美國加州產杏仁於日本加工製成粉末，為 百分之百純天然的杏仁粉。／**A**

紫羅蘭（日清製粉）：最具代表性的低筋麵粉。成品表現 輕盈，能用來製作各類糕點。／**A**

微粒子精製白糖：能與麵團或麵糊均勻混合，相當適合用 來製作糕點的細緻微粒精製白糖。／**A**

巧克力：開封包裝瞬間的味道與香氣最佳，口感也最為滑 順。盡可能購買能使用完畢的分量。購買時建議挑選可隔 絕空氣與光線的鋁箔袋包裝。／**A**

水飴：硬度扎實的水飴，無色透明，味道清甜。書中會用 來製作Guimauve法式棉花糖。／**A**

裝飾糖：顆粒較精製白糖大，非常適合裝飾烘焙糕點，能 充分享受到其獨特口感。／**A**

購買店家：**A** TOMIZ（富澤商店）、**B** 新田吉利丁、**C** 伊那食品工業、**D** 日本拉馥隄耶La Fruitière、**E** 中澤乳業

常有人問我，是使用哪些器具？
接下會跟各位聊聊挑選時的重點以及我的推薦產品。
另外還有一個關鍵，就是選擇適合自己的東西。

測量

◆ 料理秤

推薦最小測量單位為0.1g的產品。
若測量物的單位是小數點以下，使
用微量電子秤會更精準。

濾篩

ⓐ 篩粉網

除了能去除粉料結塊，還能讓粉料
夾帶空氣。

ⓑ 濾茶網

濾篩少量粉料或撒入糖粉時使用。

混合

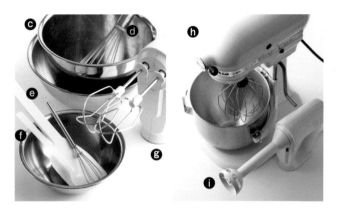

ⓒ 料理盆

我是使用導熱較好的不鏽鋼製料理盆。建議可備妥大中小尺
寸，依材料需求選用。

※為了讓讀者更好理解，本書的步驟圖片是使用玻璃製料理
盆。

ⓓ 打蛋器

建議各位使用鋼線穩固，符合食譜分量的打蛋器（書中使用8
號）。若料理盆較大，打蛋器較小，材料會不易混合，花費時
間較長。拌盆較小，打蛋器較大的話，則會太快打發。

ⓔ 橡膠刮刀

除了能大致混合麵糊，刮刀還能緊貼料理盆的弧度，方便刮取
麵糊。選用一體成型的刮刀會較衛生。

ⓕ 矽膠湯匙

抹平麵糊時，能用來進行較細節的作業。選擇高溫也能使用的
矽膠材質會比較方便，推薦使用一體成型的矽膠湯匙。

ⓖ 手持式電動打蛋器

不同品牌或產品的差異甚大，首先必須掌握產品特性。推薦攪
拌頭前端形狀不會太過複雜的款式。

ⓗ 桌上型攪拌機

我喜歡使用KitchenAid的產品，固定料理盆後，就能設定自動
攪拌、揉合、打發等步驟。

ⓘ 手持式料理棒

書中是用來製作果泥及混合奶油乳酪。每個廠牌與型號各有不
同，建議視情況挑選使用。

擀開、烘烤

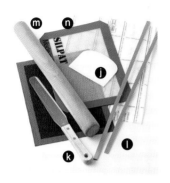

ⓙ 刮板

用來抹平麵糊，或是刮除盆中麵糊。建議選擇能稍微貼合料理盆弧度的刮板，會較好使用。

ⓚ 抹刀

會用來抹開平坦處的奶油，建議挑選帶點彈性的抹刀，使用上會更方便。

ⓛ 鋁條（木條）

用來將麵團擀成均勻的厚度。準備一組稍帶重量的鋁條（木條），就會非常有幫助。

ⓜ 擀麵棍

用來擀開麵團，建議選用堅固且帶重量的木製擀麵棍。

ⓝ Silpan矽膠烤墊、重複用烘焙紙

兩者都是在玻璃纖維上加工矽膠材質的烘焙用烤墊，可重複清洗使用。重複用烘焙紙表面平滑，能輕鬆取下烤出的糕點成品（本書用來製作可可粒瓦片）。Silpan矽膠烤墊的玻璃纖維呈網目狀帶有孔洞，能排除多餘油脂，適合用來烘烤想讓成品更為酥脆的糕點（本書用來製作法式棉花糖的基底餅乾）。另外，我也是會使用一次性的烘焙紙。

烤箱

我是使用林內牌（Rinnai）的旋風式烤箱。旋風式烤箱內建風扇，能形成柔和的對流熱風，藉此加熱食材，這也使得旋風式烤箱內部能維持一定溫度。無論哪種烤箱都會有烘烤不均的情況，因此在烘烤過程中不妨轉動烤盤的前後方向。電烤箱的內部溫度很容易下降，所以開關爐門時動作要迅速，且確實做好預熱準備。

其他

◆ 網子（散熱架）

推薦高度較高、糕點散熱較快的網子。可準備適合成品大小的散熱架。

◆ 擠花袋、花嘴

基於衛生考量，我是使用拋棄式擠花袋，但塑膠材質較容易受手的熱度影響，使用上稍有難度。

◆ 溫度計

製作慕斯和果凍時，溫度管理相當重要。建議選購數字顯示較大的數位式溫度計。

關於準備作業

開始製作糕點前，需要一些準備作業。雖然各位都會覺得自己知道要怎麼做，
但裡頭還是有不少學問。接著就讓我仔細解說準備的訣竅與注意事項。

測量材料

細緻糕點的材料分量差異除了會左右味道外，對口感、香氣、膨脹方式等成品表現也會有非常明顯的影響。製作過程中若是停止作業，將會改變材料的狀態，各位不妨在開始前就先量好所有需要的材料，這樣在製作時會更流暢。

篩濾粉料

篩濾麵粉、杏仁粉、糖粉等粉料。這個動作除了能篩除結塊，還能讓粉料夾帶空氣，使烤出的成品更蓬鬆。為了去除結塊，務必進行此步驟。將粉料加入麵糊或麵團時，建議可以邊篩邊加，才能均勻混合。

奶油乳酪及奶油回溫變軟

這裡說的回溫是指20～25℃。但季節不同的溫度差異甚大，各位必須多加留意。回溫能讓材料更容易混合，或更容易乳化，是非常重要的步驟。用微波爐回溫雖然快速，但融化後再放冷也無法恢復原狀，需特別留意。

吉利丁片浸冷水泡軟

吉利丁片要泡水變軟後才能使用。水溫太高會使吉利丁融化，所以要使用冷水或冰水。吉利丁泡軟的時間會依種類和厚度有所差異，建議參考產品包裝標示的浸泡溫度及時間。詳細內容請參照P.28的準備作業。

冰鎮蛋白

製作蛋白霜時，蛋白先冰過。蛋白沒冰直接打發雖然能打出大氣泡，但這樣的氣泡卻非常不穩定，容易消泡。冰過的蛋白不容易打發，卻能打出細緻且穩定的氣泡。

吉利丁

Gelatin

奶凍佐藍莓醬

作法 → P.48

Gelée de lait au coulis de myrtilles

紅酒凍 作法 → P.50

Gelée de vin

草莓慕斯 　作法 → P.51

Mousse à la fraise

優格藍莓慕斯
作法 → P.54
Mousse de yaourt et de myrtilles

柳橙香草慕斯 作法 → P.57

Mousse à l'orange et à la vanille

酸櫻桃起司慕斯蛋糕

作法 → P.60

Mousse de fromage blanc et de griottes

巧克力柳橙慕斯蛋糕 作法 → P.65

Mousse au chocolat et à l'orange

覆盆子開心果慕斯蛋糕

作法 → P.70

Mousse de framboise et crème à la pistache

咖啡香蕉慕斯蛋糕 作法 → P.75

Mousse au café et à la banane

覆盆子法式棉花糖
作法 → P.78
Guimauve à la framboise

用吉利丁
製作基本水凍

用吉利丁製作的果凍口感滑順且Q彈。讓我們一起學會吉利丁片的基本用法。

吉利丁低於20℃就會凝固，冷藏冰鎮後就能使成品變硬。此配比用量（添加率約1.2%）能做出撈起時會軟嫩搖晃，在口中攤化開來的果凍。吉利丁有個特性，那就是強度會隨時間增加，使口感變得扎實。

材料

口徑75mm×高67mm、
容量155ml的容器約4個分

水 ⋯⋯⋯⋯⋯⋯⋯⋯⋯300g
微粒子精製白糖 ⋯⋯⋯⋯⋯ 60g
吉利丁片（愛唯）
⋯⋯⋯⋯⋯⋯3.5g（約1.2%）

準備作業

● 吉利丁片浸冰水泡軟備用（ a ）

point 吉利丁外包裝多半會標示「以冷水（10℃以下）泡軟」，當水溫太高，吉利丁可能會開始局部融化。我個人建議浸泡在冰水後放入冰箱冷藏。

point 浸泡時間請參考該品牌的建議時間。水太冰有可能會泡很久才變軟，以這裡使用的愛唯吉利丁片來說，只要低於5℃就必須泡很久才會變軟。

point 每個吉利丁品牌須浸泡的時間不太一樣，用手觸摸吉利丁，不會有硬硬的觸感時，就表示浸泡完成。

point 自己決定泡軟吉利丁的水溫和時間，就能統一每次的完成量（果凍液的重量）。

關於驗證吉利丁時的條件

- 為了調查吉利丁的效果，驗證時使用了不具影響作用的水來當材料。材料與作法是以上述的「基本水凍」為基準，水則是統一使用礦泉水。
- 驗證是用我經常使用的愛唯銀級吉利丁片，業者建議每1000g的標準使用量為12片（39.6g）。
- 以微波爐加熱。用瓦斯爐加熱較難維持固定的火候，容易使完成量出現差異。電磁爐的火候雖然穩定，但攪拌方式不同很容易造成水分蒸發量有落差。

- 用微波爐加熱後，如果以上述「基本水凍」的作法攪拌降溫，就會使水分蒸發量出現差異，影響完成量，所以驗證時的降溫步驟省略攪拌動作。
- 吉利丁添加率是指液體量或整體量對應的吉利丁添加比例。外包裝可能會清楚記載液體量或整體量，也可能標示不清。這裡的驗證則是將添加率視為「材料液體量對應的吉利丁量」。

作法

1 將水、精製白糖放入耐熱碗（**b**）。

2 微波加熱3分鐘，拌勻（**c**），使白糖融化。

   point 加熱到開始冒熱氣（大約60℃）。

3 把吉利丁片放在廚房紙巾上吸乾水分（**d** **e**）。

   point 沒有吸乾的話會將多餘的水分加入果凍或慕斯裡，所以務必充分吸乾。

4 邊用橡膠刮刀攪拌 **2**，邊加入 **3** 的吉利丁（**f**），讓吉利丁融化。

5 把碗浸在冰水，使溫度變得不燙手（**g**）。

6 等量倒入玻璃杯（**h**），放入冰箱冷藏2.5～3小時使其凝固。

   point 建議將果凍液倒入量杯後，再倒入布丁杯。邊測重量邊倒可以使分量更均勻。

· 驗證時若沒有特別說明，原則上都是使用直徑71mm×高62mm、容量130ml的塑膠製布丁杯（附透氣孔柱），每個布丁杯的果凍液約為70g。

· 果凍大約冰2.5～3小時就會凝固，但如果是吉利丁製成的果凍，持續冰鎮20小時反而會讓果凍逐漸變硬，所以拍攝與試吃統一設定在12小時後。

· 吉利丁本身會使成品不易脫模，所以取出時會先泡過熱水，折斷布丁杯上的透氣孔柱，讓空氣進入後再取出。熱水溫度為72～74℃，浸泡時間盡量控制在6秒。

沒有泡過熱水的話，果凍會像圖片一樣解體分離。

Vérification No.1

改變砂糖量的話？

增加砂糖量會使果凍的黏性、彈性、透明度跟著增加

這裡試著驗證了砂糖量與吉利丁硬度的關係。

作法是以水300g、吉利丁片9g（水的3%），分別添加0、60、120g的微粒子精製白糖。加熱條件則統一以500W微波爐加熱3分鐘。使用的是愛唯Ewald銀級吉利丁片。

A 精製白糖0g

B 精製白糖60g

C 精製白糖120g

所有的成品口感都很Q彈，不過隨著 **A** 、 **B** 、 **C** 砂糖用量的增加，黏性和彈性也跟著增加。另外，與洋菜粉（驗證①「改變砂糖量的話？」〈P.90〉）相比，硬度差異並沒有很大。

不過，砂糖用量差異卻會影響取出的難易度。**A** 取出時容易解體分離，**C** 能輕鬆取出。化口度則接近刨冰和雪酪，無加糖的 **A** 會讓人聯想到刨冰，加了糖的 **C** 則是雪酪，所以可以認定加糖的果凍更好化口。其實，這和冷凍低濃度糖水與高濃度糖水時，高濃度糖水必須非常低溫才有辦法凝固的道理是一樣的。

另外，透明度也會隨著 **A** 、 **B** 、 **C** 砂糖用量的增加更為透明。洋菜粉的驗證①（P.90）與寒天的驗證①（P.128）都有相同趨勢，看來，砂糖本身就具備讓果凍更透明的作用。

 **A** 精製白糖0g

 B 精製白糖60g

 **C** 精製白糖120g

改變吉利丁量的話？

吉利丁愈多，
果凍凝固後愈扎實，
邊角會很明顯

業者其實都會訂出吉利丁的基本添加率（使用量），這裡還是試著驗證看看，不同用量會產生怎樣的變化。

作法是以水300g、微粒子精製白糖60g，分別搭配水量1%、2%、3%的吉利丁片。加熱條件則統一以500W微波爐加熱3分鐘。使用的是愛唯Ewald銀級吉利丁片。

A 吉利丁片3g（1%）

B 吉利丁片6g（2%）

C 吉利丁片9g（3%）

就口感而言，**A** 入口即化，**B** 微微Q彈，**C** 則是相對有彈性，隨著吉利丁用量的增加，成品凝固程度也會變得更扎實，邊角會很明顯。除了硬度有差異，甜度似乎也不太一樣，**A** 吃起來感覺最甜。接著 **B** 、**C** 的甜度會依序變低。我認為這是因為 **A** 相當柔軟，果凍會在口中擴散開來，反觀 **B** 、**C** 較硬，口內接觸面積較小的緣故。添加量會影響品嚐時味道的擴散表現，各位不妨參考產品規定量，找到自己喜愛的口感。

順帶一提，所有成品都會隨時間變硬，這也是吉利丁的特性所致。

A 吉利丁片3g（1%）

B 吉利丁片6g（2%）

C 吉利丁片9g（3%）

改變檸檬汁（酸）添加量的話？

檸檬汁愈多，
果凍會變愈軟

製作果凍或慕斯時經常會添加帶酸味的水果。那麼，酸會對吉利丁帶來什麼影響呢？這裡針對果凍添加檸檬汁後，會出現什麼變化進行驗證。

材料統一為微粒子精製白糖60g、吉利丁片9g（液體量的3%），並分別添加20g、40g、60g的檸檬汁。水量會以3%吉利丁添加率為基準，分別調整成280g、260g、240g。

統一使用500W微波爐加熱，時間則會依液體量作下述調整。使用的是愛唯Ewald銀級吉利丁片。

A 水280g、檸檬汁20g。
微波2分55秒後再添加檸檬汁。

B 水260g、檸檬汁40g。
微波2分50秒後再添加檸檬汁。

C 水240g、檸檬汁60g。
微波2分40秒後再添加檸檬汁。

D 水240g、檸檬汁60g。
先加檸檬汁再微波3分鐘。

驗證酸含量影響的同時，也驗證了加熱對酸是否會造成影響。

A、**B**、**C** 的步驟是「水＋精製白糖→微波加熱→加入吉利丁→加入檸檬汁」，**D** 則是「水＋精製白糖＋檸檬汁→微波加熱→加入吉利丁」。

所有的成品都是Q彈口感，用手指按壓時，**B** 會比 **A** 稍軟，**C** 最為軟嫩，**D** 的觸感則最扎實。照片中成品上方的邊角也看得出差異。

由此可知，酸的添加量愈多，吉利丁愈不容易凝固。不過，如果是等量檸檬汁，比較先加熱再加檸檬汁的 **C**，以及先加檸檬汁再微波的 **D**，會發現 **C** 帶有黏性，**D** 則是質地扎實，這也意味著與酸一起加熱的話，會減弱酸的影響度。

另外，驗證後還會發現從布丁杯取出果凍時，成品較容易化開來，這也可以推估檸檬應該會影響黏著表現。

A 加熱後添加檸檬汁20g

B 加熱後添加檸檬汁40g

C 加熱後添加檸檬汁60g

D 先加檸檬汁60g再加熱

加入新鮮鳳梨後，
吉利丁真的無法凝固嗎？

果凍的確不會凝固

吉利丁的包裝上其實也會記載，新鮮鳳梨、奇異果等水果含有酵素，會分解掉吉利丁所含的蛋白質，那麼果凍將無法凝固。這裡以相同條件製成的果凍液，分別加入新鮮鳳梨（未加熱）和加熱過的鳳梨進行驗證。

材料統一為水300g、微粒子精製白糖60g、吉利丁片9g（液體量的3%），加熱條件皆是以500W微波爐加熱3分鐘。使用的是愛唯Ewald銀級吉利丁片。把果凍液倒入布丁杯，再放入鳳梨，接著冰鎮使其凝固。這裡使用了未加熱（新鮮）和加熱過的鳳梨，條件如下。

A 未加熱鳳梨15g

B 加熱鳳梨15g
　　（把15g新鮮鳳梨微波3分鐘，放涼後使用）

A 的果凍液完全沒有凝固，但 **B** 卻是順利凝固。由此可知，加熱可以破壞鳳梨中會分解蛋白質的酵素，鳳梨就不會影響蛋白質（吉利丁）的凝固表現。

A 把未加熱的鳳梨加入還沒凝固的果凍液。

B 把加熱過的鳳梨加入還沒凝固的果凍液。

新鮮鳳梨也會對已經凝固的果凍產生作用？

凝固的果凍一樣會融化

針對左頁的驗證結果，這裡繼續探討鳳梨酵素是否會對已經冰過凝固的果凍產生作用，以及吉利丁的多寡又會帶來什麼影響。

作法是以水300g、微粒子精製白糖60g，分別加入3、6、9g的吉利丁片。加熱條件則統一以500W微波爐加熱3分鐘。這三種作法的條件與驗證②「改變吉利丁量的話？」〈P.32〉一樣，從脫模後的照片就能看出硬度上的差異。

C、**D**、**E** 都是在冰過凝固的果凍擺上8g的新鮮鳳梨，針對擺放16小時後的狀態進行驗證。吉利丁添加量如下。

C 吉利丁片3g（1%）

D 吉利丁片6g（2%）

E 吉利丁片9g（3%）

C 的鳳梨會完全陷入果凍裡，**D** 下沉一半，**E** 則是開始有點下沉。由此可知，無論是吉利丁凝固前還是凝固後，新鮮鳳梨對於吉利丁的凝固作用都會帶來影響。這裡甚至可以認定，凝固果凍的融化程度會和果凍硬度成正比。

鳳梨、奇異果、芒果、木瓜等水果都含有會分解蛋白質的酵素，另外，薑也含有酵素成分。若要用吉利丁製作果凍，無論是要在果凍液加入水果，還是等果凍凝固後，在上面擺放裝飾，要記得先將上述這幾樣水果稍微煮過，或改用水果罐頭。用吉利丁溶液製作鏡面果膠時也須特別留意。

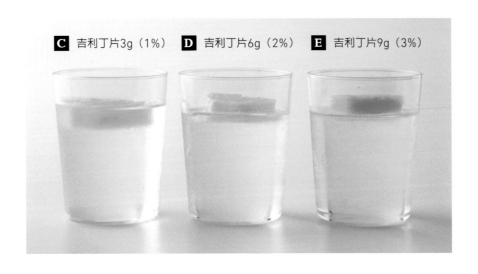

C 吉利丁片3g（1%）　**D** 吉利丁片6g（2%）　**E** 吉利丁片9g（3%）

乳脂濃度會影響吉利丁？

乳脂成分愈高，
果凍的凝固狀態會愈扎實

製作慕斯多半會使用到鮮奶油或鮮乳，而這些都是明顯左右慕斯成品硬度的副材料。於是，這裡用了鮮乳和鮮奶油進行驗證。鮮奶油的乳脂濃度不同也會有顯著影響，所以針對這部分也做了驗證。

作法是將300g的水依下述條件分別換成鮮乳及鮮奶油，再搭配微粒子精製白糖60g、吉利丁片9g（液體量的3%），加熱條件皆是以500W微波爐加熱3分鐘。使用的是愛唯Ewald銀級吉利丁片。

A 鮮奶油（乳脂含量36%）

B 鮮奶油（乳脂含量45%）

C 鮮乳

就硬度來說，**A** 稍微Q彈，**B** 卻一點也不Q彈，反而質地扎實，**C** 則是相當Q彈，三者差異甚大。**A**、**B** 相比的話，乳脂含量較高的成品凝固後相對扎實，邊角會很明顯。另外，**A**、**B**、**C** 的不同之處還包含了鮮乳及鮮奶油的水分含量差異，這也是會對果凍成品硬度帶來影響的因子。

製作慕斯時，乳脂濃度也會對成品造成影響，所以挑選鮮奶油時要特別留意。

舉例來說，想用鮮乳稀釋鮮奶油，製作口感較輕盈的義式奶凍，或是單純只用鮮奶油，希望奶凍成品更為濃郁，就必須調整吉利丁用量。

A 鮮奶油（乳脂含量36%）

B 鮮奶油（乳脂含量45%）

C 鮮乳

Vérification No.6

酒類是否會影響吉利丁？

酒類用量愈多，
果凍會愈軟

一般認為，添加酒類會降低吉利丁的凝固力。這裡驗證了究竟會帶來什麼影響。

作法統一使用微粒子精製白糖60g、吉利丁片9g（液體量的3%），分別搭配20g、40g、60g的紅酒。水量會以3%吉利丁添加率為基準，分別調整成280g、260g、240g。統一使用500W微波爐加熱，時間則會依液體量作右述調整。使用的是愛唯Ewald銀級吉利丁片。紅酒則是等到微波完最後加入。

A 水280g、紅酒20g。
微波2分55秒。

B 水260g、紅酒40g。
微波2分50秒。

C 水240g、紅酒60g。
微波2分40秒。

以 **A**、**B**、**C** 來說，**C** 質地最軟，但其實彼此差異不大。另外還可以發現，含酒量愈多的果凍取出時感覺較容易化開來。拍打時以 **A** 最有彈性，**C** 則是感覺最黏稠（黏性）。

 **A** 水280g＋紅酒20g

 **B** 水260g＋紅酒40g

C 水240g＋紅酒60g

左頁的驗證結果差異不大，所以我大幅調整紅酒用量，再進行一次驗證。

作法統一使用微粒子精製白糖60g、吉利丁片9g（3%），分別搭配0g（只加水）、150g、300g的紅酒。以500W微波爐加熱，時間則是依總量作下述調整。使用的是愛唯Ewald銀級吉利丁片。紅酒則是等到微波完最後加入。

D 水300g、紅酒0g。
微波3分鐘。

E 水150g、紅酒150g。
微波1分30秒。

F 水0g、紅酒300g。
將砂糖和50g紅酒微波30秒，
融化吉利丁後，再加入250g紅酒。
※微波所有紅酒的話會使酒精揮發，將無法進行比較驗證，所以取部分（50g）加熱即可。

以 **D**、**E**、**F** 來說，**F** 質地最軟且幾乎不帶彈性。從照片也可以明顯發現，紅酒量最多的 **F** 成品看不出邊角。由此可知，結果真如一般常見的說法，酒類用量愈多會使吉利丁凝固力變差。也因為這個驗證結果，P.50的紅酒凍有刻意增加吉利丁用量。

其實，我還用蘭姆酒、伏特加做了相同驗證，雖然沒有附上照片，但基本上結果一致。換句話說，用酒量愈多，果凍就會愈軟。

另外，我也針對酒精濃度差異進行驗證，比較了蘭姆酒度數差異（43度、54度）和伏特加度數差異（40度、50度）。書中同樣沒有放入照片，不過以結果來說，無論是蘭姆酒還是伏特加，酒精度數較高的成品會稍顯扎實有彈性。雖然結果跟預期有些差異，但可以肯定的是，酒精度數也會對硬度造成影響。

另外，我還發現加了酒類之後，果凍會變得更好取出。有可能是因為隔水加熱使吉利丁融化量相對較多，且容易起泡，這時酒精反而會減弱吉利丁的黏性。

從照片還可看出，加了紅酒的果凍（**A**、**B**、**C**、**E**、**F**）皆呈混濁狀。紅酒用量愈多就會愈混濁。反觀，蘭姆酒和伏特加驗證的成品卻沒有混濁的問題。由此可知，果凍成品會變混濁的原因應該就是紅酒。為了找出變混濁的原因，我還做了驗證⑦「為什麼紅茶凍或紅酒凍會變混濁？」〈P.42〉。

 **D** 水300g＋紅酒0g

E 水150g＋紅酒150g

F 水0g＋紅酒300g

為什麼紅茶凍或紅酒凍會變混濁？

原料來源為豬的吉利丁
受到多酚影響會變混濁

進行驗證⑥「酒類是否會影響吉利丁？」（P.40）時，可以發現加入紅酒的果凍會變混濁。這是因為多酚會對原料來源為豬的吉利丁造成影響。除了紅酒，這裡還以另一種多酚，也就是內含單寧酸的紅茶進行驗證。

作法統一使用紅茶300g（以水380g、茶包2個萃取紅茶，並計量300g）、微粒子精製白糖60g、分別搭配原料來源為豬和牛的吉利丁片9g（液體量的3%）作比較。統一使用500W微波爐加熱3分鐘。吉利丁品牌及用量資訊如下。照片的紅茶凍使用大吉嶺紅茶。

A LEAF銀級吉利丁（原料來自豬隻的吉利丁片）。業者建議用量為每1000g使用7片（23g）。

B 新銀級顆粒型吉利丁（原料來自牛隻的吉利丁粉）。業者建議用量為每1000g使用25～30g。

A 呈現白濁色，反觀 **B** 並不會白濁，且能維持高透明度。由此可知，無論是紅酒還是紅茶，加了原料來源為豬的吉利丁就會變混濁，原料來源為牛的吉利丁則不會。紅酒和紅茶的共同成分是多酚。這也代表著多酚會使豬成分的吉利丁混濁，但是牛成分的吉利丁不受影響。我還用了錫蘭紅茶作比較，也是一樣的結果。

有時把紅茶放涼也會變得白濁，這是因為紅茶內含的單寧酸和咖啡因在冷卻時結合才會白濁（Cream down，又稱為乳化現象或凝乳現象）。

製作紅茶凍時，加入吉利丁瞬間就會使紅茶立刻變白濁，是因為同為多酚的單寧酸與吉利丁產生反應，使其變混濁，這是受到吉利丁等離子點（特性）的影響。

一般來說，原料來源為豬的吉利丁等離子點介於pH7～9，原料來源為牛的吉利丁等離子點則是pH5左右。當數值比這些pH值還低，就會和紅茶內含的單寧酸起反應，呈現白濁狀。換言之，如果是原料來源為豬的吉利丁，即便pH值接近中性仍會變混濁，但原料來源為牛的吉利丁會在pH值低於5的情況下才變混濁。

由此可知，使用不會變白濁的牛原料吉利丁製作紅茶液時，如果最後又加入檸檬汁，pH值會因此改變，那麼，就算是牛原料吉利丁，還是會出現白濁現象。想要製作檸檬茶風味的果凍，又不想要果凍顏色混濁的話，勢必要挑選吉利丁以外的凝固劑。

含多酚的紅葡萄汁就算添加了吉利丁也不見得會變混濁，這有可能是因為葡萄果汁的pH值較高，或是多酚含量較少的緣故。

果凍是否會變白濁除了和多酚有關係外，pH值也是影響因子，但我們較難掌握產品本身的多酚含量和pH值。所以，如果要用含多酚成分的紅酒、紅茶、紅葡萄或藍莓，製作帶有透明感的果凍時，建議使用牛原料的吉利丁或洋菜粉（針對洋菜粉也做了紅酒凍的驗證，結果沒有變白濁（驗證⑥「酒類是否會影響洋菜粉？」〈P.98〉）。

A 原料來自豬隻的吉利丁片　　　　　　　　　　　　**B** 原料來自牛隻的吉利丁粉

改變砂糖種類的話？

成品硬度不同，
甜味呈現也會改變

前面透過驗證①「改變砂糖量的話？」（P.30），得知砂糖添加量會影響硬度。那麼，砂糖的種類又會對吉利丁的凝固力帶來怎樣的影響呢？這裡用了微粒子精製白糖、上白糖、Cassonade蔗糖及黑糖進行驗證。

材料統一為水300g、砂糖60g、吉利丁片9g（液體量的3%），加熱條件皆是以500W微波爐加熱3分鐘。砂糖種類如下。另外，使用的是愛唯Ewald銀級吉利丁片。

A 微粒子精製白糖

B 上白糖

C Cassonade蔗糖

D 黑糖

結果得知，黏性和硬度都有差異。**B** 上白糖的果凍黏性明顯，質地扎實。反觀 **C** 的Cassonade蔗糖果凍黏性稍弱，甚至比 **A** 還要軟。**D** 黑糖果凍黏性明顯，但質地柔軟。**B** 和 **C** 的黏性表現相當。

甜味呈現部分也不太一樣。與 **B** 上白糖相比，**A** 精製白糖會比較慢感受到甜味。**B** 的甜味會從最開始持續到最後。**C** 的Cassonade蔗糖果凍則會從後半段開始嚐到甜味，**D** 的黑糖在一剛開始就會感受到甜味。

其實，每種砂糖的甜味呈現本身就不一樣。這次的驗證又進一步發現，砂糖種類也會影響黏性和硬度。根據驗證②「改變吉利丁量的話？」（P.32），硬度不同會影響化口度的結果來看，我們可以進一步推敲出，砂糖種類的不同也會影響甜味在嘴裡擴散的方式。

驗證過程中亦會發現，**B** 成品取出時難度較高。這有可能是受到上白糖內含的轉化糖漿影響的緣故。

另外，砂糖種類及品牌不同，礦物質等成分也會有差異。這些因素再搭配上不同的砂糖種類，都會使成品硬度、黏性，甜味呈現產生落差，所以製作時務必納入考量，挑選合適的砂糖。

A 微粒子精製白糖

B 上白糖

C Cassonade蔗糖

D 黑糖

Vérification No.9

改變吉利丁等級的話？

等級愈高，化口速度愈快，
透明度也愈高

吉利丁有分等級，每個業者的等級名稱不太一樣，但基本上等級愈高，品質就愈好，透明度也會愈高，只需少少分量就能凝固。這裡選用三種不同等級的吉利丁片和兩種吉利丁粉做了驗證。

作法統一使用水300g、微粒子精製白糖60g，吉利丁則是依據各家業者建議的最小用量。統一使用500W微波爐加熱3分鐘。吉利丁片的品牌為新田。等級與使用量資訊如下。吉利丁粉會先以吉利丁4倍的水量浸泡15分鐘，泡開後再使用。

A「銀級」吉利丁片6.9g（2.3%）

B「金級」吉利丁片6.3g（2.1%）

C「頂級」吉利丁片6g（2%）

D「銀級」吉利丁粉7.5g（2.5%）

E「金級」吉利丁粉6g（2%）

吉利丁片的等級依 **A**、**B**、**C** 順序跟著變高，透明度和彈性也隨之增加。**A** 成品感覺較黏口，但等級愈高，化口速度愈快。吉利丁片其實有股特別的味道，這股味道會隨 **A**、**B**、**C** 依序變淡。因為這裡是用水做果凍驗證才會感受到，如果添加各種材料的慕斯，味道就不太明顯。

另外，**C** 頂級吉利丁片最薄，融化在液體中的速度也最快，能提升作業效率。

吉利丁粉和吉利丁片一樣，會依 **D**、**E** 順序，也就是等級愈高，透明度和彈性跟著增加。等級較高的吉利丁粉化口速度也會比較快，另外，吉利丁粉的透明度有稍微比吉利丁片高一些。跟吉利丁片相比，吉利丁粉反而沒有味道。不過，一般人都還是認為吉利丁粉的透明度較低，也帶有味道，所以這次的驗證結果或許是產品本身造成的差異。

由此可知，無論是吉利丁片還是吉利丁粉，只要等級愈高，透明度就會愈高、彈性愈大，化口速度也會變得更快。不過，片狀和粉狀在作業效率和添加率計算上各有差異，建議各位多方評估後，再決定是要用吉利丁片，還是吉利丁粉。

A 「銀級」吉利丁片　　　　　　**B** 「金級」吉利丁片　　　　　　**C** 「頂級」吉利丁片

D 「銀級」吉利丁粉　　　　　　**E** 「金級」吉利丁粉

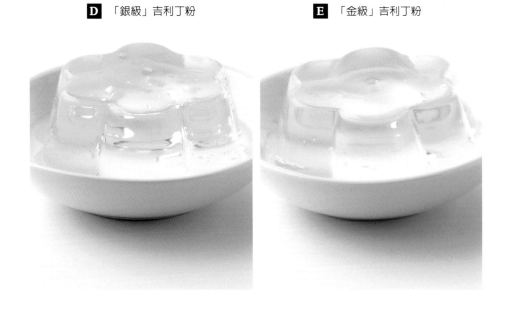

奶凍佐藍莓醬

Gelée de lait au coulis de myrtilles

鮮乳加入優格增添酸味及風味深度,加入奶油則能補足濃郁度。最後再淋上帶有澀味的藍莓醬,打造成大人也覺得享受的滋味。這裡還特別將藍莓濾渣,做成不會影響奶凍滑順口感的果醬。

上層:藍莓醬
下層:奶凍

材料

直徑55mm×高70mm、
容量120ml的容器7個分

◆ 奶凍

鮮乳 ……………300g（75g＋225g）
微粒子精製白糖 ……………60g
吉利丁片（愛唯）……………7.5g
原味優格（無糖）……………75g
鮮奶油（乳脂含量36%）…………75g

◆ 藍莓醬
（容易製作的分量）

冷凍藍莓 ……………120g
微粒子精製白糖 ……………45g
紅酒 ……………30g
水 ……………45g
藍莓利口酒 ……………7.5g

準備作業

【藍莓醬】

● 藍莓混合精製白糖醃泡3小時左右（**a**）

> **point** 會像照片一樣出水。

【奶凍】

● 鮮乳冰過備用

● 吉利丁片浸冰水泡軟備用（參照P.28）

● 用打蛋器將優格打至滑順狀

【製作奶凍】

1 將75g鮮乳和精製白糖放入耐熱碗，微波1分鐘。

> **point** 要確認微波後是否會冒熱氣。
>
> **point** 鮮乳不必全部加熱，只要取需要量加熱融化吉利丁即可。

2 吸乾吉利丁片的水分，加入 **1**（**b**）並攪拌。

3 用打蛋器攪拌優格，邊加入 **2**（**c**）。

4 將鮮奶油加入225g剩餘鮮乳中（**d**），加入時要用橡膠刮刀攪拌（**e**）。浸泡冰水降溫。

5 等量倒入玻璃杯（**f**），放入冰箱冷藏2.5～3小時冰鎮凝固。

【製作藍莓醬】

※奶凍冰鎮凝固後再開始製作。

6 將醃泡過的藍莓倒入鍋子，加入紅酒、水，開火加熱。用稍弱的中火烹煮，過程中要輕輕碾壓藍莓。煮到液體稍變濃稠即可（**g**）。

7 用手持式料理棒（**h**）攪拌，加入利口酒拌勻後過濾（**h**）。

> **point** 過濾可以解決纖維粗細不一的情況，讓果醬更為滑順，所以務必過濾處理。

【組裝】

8 將 **7** 的藍莓醬倒入步驟 **5** 的奶凍，每個倒5g。

※奶凍和藍莓醬可以分開冷藏存放至隔天。品嚐前再加入藍莓醬即可。

紅酒凍
Gelée de vin

和朋友造訪德國時接觸了「香料酒」（Glühwein）。原本是添加多種香料及柑橘類水果的熱紅酒，這裡則是以紅酒搭配蘋果汁，做成方便品嚐的果凍。血橙裝飾是整體風味呈現上不可或缺的項目。也是因為這道紅酒凍，讓我進一步做了紅酒是否會讓果凍變混濁的驗證（P.42）。

材料

口徑92mm×高30mm、
容量120ml的玻璃杯6個分

蘋果汁（100%）·····················200g
肉桂棒 ······································1枝
丁香 ···2個
柳橙皮 ····························· 長70mm、
寬10mm的大小
微粒子精製白糖 ·····················50g
吉利丁片（愛唯）·····················7g
紅酒 ······································200g
血橙 ·······································適量

準備作業

● 吉利丁片浸冰水泡軟備用（參照P.28）

● 將肉桂棒、丁香、柳橙皮浸泡蘋果汁（ a ），放置冰箱冷藏1～2小時

作法

1 把浸泡了香料等材料的蘋果汁倒入鍋中，加入精製白糖，開火加熱讓糖融化。※加熱到鍋子邊緣開始微微冒泡（約60℃）（ b ）。

2 關掉 **1** 的火，吸乾吉利丁片的水分，加入鍋中攪拌，吉利丁融化後，過濾汁液（ c ）。

3 加入紅酒攪拌，鍋子浸泡冰水降溫（ d ）。

> **point** 想要降低紅酒酒精濃度的話，可以在步驟 **1** 時把紅酒連同蘋果汁一起加熱。

4 等量倒入玻璃杯，放入冰箱冷藏2.5～3小時冰鎮凝固。

5 切取柳橙果肉，品嚐前擺在 **4** 上面。

※可冷藏存放至隔天。完成後，硬度會隨時間增加。

上層：草莓果凍
下層：草莓慕斯

草莓慕斯

Mousse à la fraise

這道慕斯的感覺就像是草莓加鮮乳後搗碎成草莓牛奶，質地鬆柔化口。為了品嚐到草莓的新鮮滋味，過程中並未加熱。材料未使用雞蛋，相當單純，是吃再多也不會膩的滋味。慕斯的味道會隨草莓品種改變，推薦使用帶酸味的「櫪木少女（とちおとめ、Tochiotome）」。

材料

直徑81mm×高65mm、容量290ml的容器2個分

◆ 草莓慕斯

草莓	230g（約20顆）
微粒子精製白糖	40g
吉利丁片（愛唯）	5g
鮮奶油（乳脂含量36%）	145g

◆ 草莓果凍

冷凍草莓（前一晚先放冷凍）	150g
冷凍覆盆子	20g
微粒子精製白糖	25g
吉利丁片（愛唯）	1.5g

◆ 裝飾用

草莓	適量

準備作業

【草莓慕斯】

● 吉利丁片浸冰水泡軟備用（參照P.28）

【草莓果凍】

● 吉利丁片浸冰水泡軟備用（參照P.28）

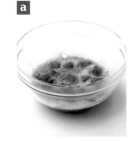

● 將草莓果凍的冷凍草莓、冷凍覆盆子混合精製白糖醃泡2小時左右（**a**）

point 冷凍草莓能破壞掉水果纖維，變得跟照片一樣，滲出大量水分。

草莓慕斯

【將草莓貼上玻璃杯壁】

1 把裝飾用草莓切成2mm厚，貼在玻璃杯壁（**b**）。

【製作草莓慕斯】

2 將鮮奶油、精製白糖倒入料理盆，盆底浸泡冰水，用手持式打蛋器打發（參照P.136）。將鮮奶油稍微打發，打快要能夠立起尖角（**c**）。

3 用手持式料理棒將草莓打成泥狀（（**d**）、使用210g果泥）。

4 吉利丁放入料理盆，隔水加熱融化（**e**）。

5 在**4**的吉利丁加入⅓的**3**草莓果泥（**f**），用橡膠刮刀拌勻。

6 將剩下的**3**移至料理盆，倒回**5**（**g**），再用橡膠刮刀迅速拌勻。

7 用打蛋器將**2**的鮮奶油打至均勻，將**6**倒入（**h**），接著用橡膠刮刀拌勻（**i**）。

> **point** 草莓果泥較重，會沉入盆底，所以要立起刮刀，從中心以畫漩渦的方式繞圈攪拌，這樣果泥就會自然浮起，拌得更為均勻。

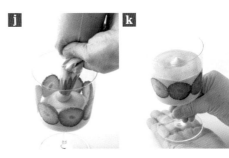

【將草莓慕斯擠入杯中】

8 將**7**的草莓慕斯填入裝有直徑12mm
圓形花嘴的擠花袋（參照P.136），
等量擠入**1**的玻璃杯（**j**）。

9 將杯底放在手心，輕輕敲個幾下，讓
慕斯表面變平坦（**k**）。放入冰箱冷
藏2.5～3小時冰鎮凝固。

【製作草莓果凍】

※慕斯冰鎮凝固後再開始製作。

10 將醃泡過的藍莓、覆盆子微波加熱
3～4分鐘。

> **point** 微波時很容易溢出，建議使用較
> 大的耐熱碗。

11 過濾 **10**，將果肉與果汁分開
（**l**），取75g的果汁。

> **point** 過濾時碾壓果肉的話會壓出浮
> 沫，所以讓果汁自然滴落即可。

> **point** 果汁不夠的話，可將果肉再微波
> 加熱，並將滲出的果汁過濾取用。

※這裡不會使用到果肉，所以也可以將這些果肉與
另外準備的草莓混合，一起做成果醬。

12 用濾茶網過濾果汁，去除浮沫（**m**），
接著再用毛刷仔細地刮除浮沫
（**n**）。

13 加入吸乾水分的吉利丁片，用橡膠刮
刀攪拌，讓吉利丁融化，接著再過濾
（**o**），靜置放涼。

【組裝】

14 把**13**的草莓果醬等量倒入步驟**9**的
草莓慕斯杯（**p**）。放入冰箱冷藏
2.5～3小時冰鎮凝固。

※可冷藏存放至隔天。草莓未加熱處理過，所以要
儘早食用完畢。

優格藍莓慕斯
Mousse de yaourt et de myrtilles

藍莓慕斯加了白巧克力會變得更濃郁，接著再與清爽的優格慕斯搭配。優格慕斯使用了柳橙風味的利口酒，整體表現相當清新。希望這道甜點能讓人品嚐到比外表看起來更複雜的味道組合。

上層：優格慕斯
下層：藍莓慕斯
裝飾：藍莓、白巧克力

材料

口徑75mm×高67mm、
容量155ml的容器8個分

◆ 藍莓慕斯

藍莓果泥（冷凍、含糖）…………80g
吉利丁片（愛唯）…………………2.8g
調溫白巧克力（可可含量29%）
　……………………………………50g
┌ 鮮奶油（乳脂含量36%）………60g
└ 微粒子精製白糖…………………20g
鮮奶油（乳脂含量36%）…………50g
原味優格（無糖）…………………80g
檸檬汁………………………………10g

◆ 優格慕斯

原味優格（無糖）…………………200g
吉利丁片（愛唯）…………………2.8g
┌ 鮮奶油（乳脂含量36%）………80g
└ 微粒子精製白糖…………………30g
檸檬汁………………………………3g
柑曼怡香橙干邑……………………2g

◆ 裝飾

調溫白巧克力（可可含量29%）
　…………………………………20～30g
藍莓…………………………………適量

準備作業

【藍莓慕斯】

● 藍莓果泥解凍備用

● 吉利丁片浸冰水泡軟備用
　（ a 、參照P.28）

● 用打蛋器將優格打至滑順
　狀（ b ）

【優格慕斯】

● 吉利丁片浸冰水泡軟備用
　（ a 、參照P.28）

● 用打蛋器將優格打至滑順
　狀（ b ）

器具介紹

巧克力造型刮板

可以為造型蛋糕或巧克力裝飾出花紋。

作法

【製作藍莓慕斯】

1 將60g鮮奶油、精製白糖倒入料理
盆，盆底浸泡冰水，用手持式打蛋器
打發（參照P.136）。將鮮奶油稍微
打發，打快要能夠立起尖角（**c**）。

2 吉利丁放入料理盆，隔水加熱融化，
加入⅓的藍莓果泥，用打蛋器拌勻。

3 將**2**倒入剩下的藍莓果泥中，再用橡
膠刮刀迅速拌勻。

4 白巧克力放入耐熱碗，先微波加熱
30秒，接著再微波20秒，讓白巧克
力大約融化一半。

5 50g鮮奶油倒入耐熱碗，微波加熱30
秒左右，讓鮮奶油稍微冒出熱氣，加
入**4**（**d**），用打蛋器繞圈攪拌
（**e**）。

6 把**3**加入**5**，充份拌勻（**f**）使其乳
化。分次加入優格、檸檬汁，每次都
要用打蛋器攪拌（**g**）。

7 把**6**加入**1**，立起橡膠刮刀，從中心
以畫漩渦的方式繞圈攪拌（**h**）。接
著填入裝有直徑12mm圓形花嘴的
擠花袋（參照P.136），等量擠入容
器（**i**）。手心抵著容器底部，輕輕
敲個幾下，讓慕斯表面變平坦。放入
冰箱冷藏2.5～3小時冰鎮凝固。

優格藍莓慕斯

作法

【製作優格慕斯】

※藍莓慕斯冰鎮凝固後再開始製作。

8 將鮮奶油、精製白糖倒入料理盆，用步驟**1**的方式打發（**j**）。

9 將吉利丁放入另一個料理盆，隔水加熱融化，加入⅓的優格，用橡膠刮刀拌勻。

10 將**9**倒入剩下的優格裡（**k**），再用橡膠刮刀迅速拌勻（**l**）。

11 加入檸檬汁、柑曼怡香橙干邑後攪拌，作法和步驟**7**一樣，都要立起橡膠刮刀拌勻。

12 將優格填入裝有直徑12mm圓形花嘴的擠花袋（參照P.136），等量擠入**7**（**m**）。手心抵著容器底部，輕輕敲個幾下，讓慕斯表面變平坦。放入冰箱冷藏2.5～3小時冰鎮凝固。

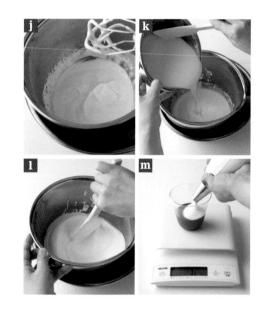

【製作巧克力裝飾】

※優格慕斯填入容器後再開始製作。

13 將巧克力放入耐熱碗，微波加熱30秒＋20秒，用橡膠刮刀攪拌融化。

> **point** 視情況分次微波巧克力，以免過度加熱。

14 將**13**的巧克力倒在Guitar Sheet塑膠片（大小為50×180mm）上，用抹刀刮成2mm厚（**n**）。趁還沒凝固前，用巧克力造型刮板刮出線條（**o**）。邊緣開始變硬時，拿起塑膠片，將巧克力捲成柱狀（**p**），維持圓柱狀，直到巧克力凝固。

> **point** Guitar Sheet塑膠片是厚度較厚的巧克力專用塑膠片，表面不易起皺摺，可於烘焙材料行或網路購得。

＊等到完全變硬，就能從塑膠片取下巧克力做使用。

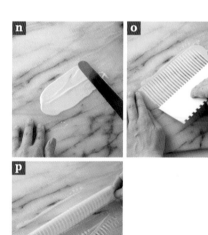

【組裝】

※優格慕斯冰鎮凝固，巧克力裝飾完成後再開始進行。

15 擺上裝飾用的藍莓、步驟**14**的巧克力裝飾。

※可冷藏存放至隔天。

柳橙香草慕斯
Mousse à l'orange et à la vanille

我非常喜歡會酸的甜點！所以這裡將柳橙與香草慕斯的柔和滋味，與酸味鮮明的百香果和芒果果凍做結合。也因為使用了百香果和芒果來製作果凍，為整體帶來非常棒的點綴。慕斯有添加雞蛋，為了展現出味道深度，這裡還結合了烹煮英式蛋奶醬※的方法。糖煮過的柳橙皮也是味道結構上非常關鍵的環節。製作後能稍微存放，如果各位有買到日本產柳橙，非常建議製作看看。

上層：香草慕斯
中層：百香果芒果果凍
下層：柳橙慕斯
裝飾：糖煮柳橙皮

材料

直徑55mm×高70mm、
容量120ml的容器8個分

◆ **柳橙慕斯**

柳橙汁（100%）	150g
蛋黃	60g
微粒子精製白糖	50g
鮮奶油（乳脂含量36%）	100g
吉利丁片（愛唯）	3g

◆ **百香果芒果果凍**

百香果果泥（冷凍、含糖）	85g
芒果果泥（冷凍、含糖）	25g
微粒子精製白糖	7g
吉利丁片（愛唯）	2g

◆ **香草慕斯**

蛋黃	40g
微粒子精製白糖	25g
鮮乳	50g
鮮奶油（乳脂含量36%）	15g
香草莢	5cm
吉利丁片（愛唯）	3g
鮮奶油（乳脂含量36%）	150g

◆ **裝飾**

糖煮柳橙皮（參照右記）	適量

◆ **糖煮柳橙皮**
（容易製作的分量）

柳橙皮（日本產、無農藥）	1顆分
微粒子精製白糖	70g
水	70g

1 薄薄削下柳橙皮，去除白色部分（**a**）。切成1mm寬的細條。連同大量的水入鍋，用大火烹煮後撈起瀝水。

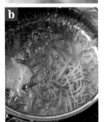

2 將精製白糖、水倒入鍋中煮沸，放入 **1** 的柳橙皮（**b**）。以小火將柳橙皮煮軟，整體開始冒出黏稠泡泡時（**c**）即可關火。

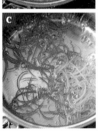

※擺放2～3天會更入味好吃。冷藏可存放5天、冷凍則是2～3週。

※英式蛋奶醬的材料是蛋黃、砂糖、鮮乳、香草莢等，稍微帶點稠度。

柳橙香草慕斯

準備作業

【柳橙慕斯】

● 吉利丁片浸冰水泡軟備用
（參照P.28）

【百香果芒果果凍】

● 百香果泥、芒果泥解凍備
用

● 吉利丁片浸冰水泡軟備用
（參照P.28）

【香草慕斯】

● 切開香草莢，刮出香草籽
（ d ），連同香草莢一起
浸泡在鮮乳、15g鮮奶油裡
5小時，讓香味滲入（ e ）

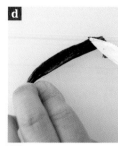

作法

【製作柳橙慕斯】

1 將鮮奶油倒入料理盆，盆底浸泡冰
水，用手持式打蛋器打發（參照
P.136）。將鮮奶油稍微打發，打快
要能夠立起尖角（ f ）。

2 蛋黃、1大匙柳橙汁倒入料理盆
（ g ），加入精製白糖，用打蛋器攪
拌。

> **point** 直接把精製白糖加入蛋黃的話容
> 易結塊，建議先加入少量液體，減少蛋黃
> 結塊的情況。

3 將剩餘的柳橙汁微波加熱1分鐘，
用打蛋器邊攪拌 **2**，邊加入柳橙汁
（ h ）。

> **point** 加熱至柳橙汁開始冒熱氣（大約
> 60℃）。

4 移至鍋子，以小火煮至83℃，過程中
要不斷用橡膠刮刀攪拌（ i ）。

> **point** 煮到冒熱氣，開始變濃稠。

5 關火，加入吸乾水分的吉利丁片（**j**），用橡膠刮刀攪拌，讓吉利丁融化。

6 過濾至另一個鍋子（**k**），浸泡冰水（**l**）降溫（降至約20℃）。

7 用打蛋器將 **1** 的鮮奶油拌勻，加入 **6**，立起刮刀，從中心以畫漩渦的方式繞圈攪拌（**m**）。

8 將慕斯填入裝有直徑12mm圓形花嘴的擠花袋（參照P.136），等量擠入容器中。手心抵著容器底部，輕輕敲個幾下，讓慕斯表面變平坦。放入冰箱冷藏2.5～3小時冰鎮凝固。

【製作百香果芒果果凍】
※柳橙慕斯凝固後再開始製作。

9 將百香果泥、芒果泥、精製白糖放入料理盆，用橡膠刮刀攪拌。

10 將吉利丁放入另一個料理盆，隔水加熱融化，加入 **9** ⅓的果泥，用橡膠刮刀拌勻。

11 將 **10** 倒回 **9** 的果泥，再用橡膠刮刀迅速拌勻，浸泡冰水降溫。

12 等量填入 **8** 的容器，放入冰箱冷藏2.5～3小時冰鎮凝固。

【製作香草慕斯】
※百香果芒果果凍凝固後再開始製作。

13 取150g鮮奶油倒入料理盆，用步驟 **1** 的方式打發。

14 將蛋黃、⅕浸泡過香草莢的鮮乳及鮮奶油放入另一個料理盆，加入精製白糖，用打蛋器攪拌。

> **point** 直接把精製白糖加入蛋黃的話容易結塊，建議先加入少量液體，減少蛋黃結塊的情況。

15 把浸泡過香草莢的剩餘鮮乳及鮮奶油微波加熱30秒，接著倒入 **14** 中，用打蛋器混合。

> **point** 加熱到鮮乳開始冒熱氣。

16 移至鍋子，以小火煮至83℃，過程中要不斷用橡膠刮刀攪拌。煮到冒熱氣，開始變濃稠。

17 關火，加入吸乾水分的吉利丁片，用橡膠刮刀攪拌，讓吉利丁融化。

18 用打蛋器將 **13** 的鮮奶油拌勻，加入 **17**，立起刮刀，從中心以畫漩渦的方式繞圈攪拌。

19 將慕斯填入裝有直徑12mm圓形花嘴的擠花袋（參照P.136），等量擠入 **12**。手心抵著容器底部，輕輕敲個幾下，讓慕斯表面變平坦。放入冰箱冷藏2.5～3小時冰鎮凝固。

【最後裝飾】

20 品嚐前再擺上糖煮柳橙皮裝飾。

※可冷藏存放至隔天。

酸櫻桃起司慕斯蛋糕

Mousse de fromage blanc et de griottes

以打發至蓬鬆狀的鮮奶油和蛋黃霜為基底的起司慕斯蛋糕，中間夾入了酸味迷人的酸櫻桃內餡。與口感輕盈，帶點微苦的法式可可酥餅搭配性絕佳。糖煮酸櫻桃只用吉利丁凝固的話口感會太過Q彈，所以這裡先用果膠粉增加稠度，再以吉利丁凝固，呈現出適中口感。

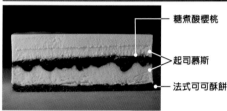

- 糖煮酸櫻桃
- 起司慕斯
- 法式可可酥餅

材料

邊長12cm、高45mm的方形模1個分

◆ 法式可可酥餅麵團

（容易製作的分量、12cm方形模2片分）

無鹽發酵奶油	50g
糖粉	20g
蛋白	6g
鹽	0.2g
⌈ 中高筋麵粉（法國粉）	50g
｜ 杏仁粉	25g
⌊ 可可粉（無糖）	7g

◆ 糖煮酸櫻桃

冷凍酸櫻桃	85g
檸檬汁	5g
微粒子精製白糖	20g
LM果膠粉	1g
吉利丁片（愛唯）	1g

◆ 起司慕斯

奶油乳酪	120g
鮮乳	20g
吉利丁片（愛唯）	3.5g
蛋黃	20g
水	20g
微粒子精製白糖	30g
鮮奶油（乳脂含量36%）	120g

準備作業

【法式可可酥餅麵團】

- 奶油回溫變軟（參照P.16）
- 中高筋麵粉、杏仁粉、可可粉一起篩過備用（參照P.16）
- 糖粉用濾茶網篩過備用（參照P.16）

【糖煮酸櫻桃】

- 用保鮮膜服貼包覆方形（邊長12cm）慕斯圈模型（**a**）

  point 使用PVC聚氯乙烯材質的保鮮膜。

- 吉利丁片浸冰水泡軟備用（參照P.28）
- 精製白糖和果膠粉混合備用（**b**）

  point 果膠粉粒子細小，容易吸水，直接與水分混合的話容易結塊，所以務必先與砂糖等其他材料混合。

【起司慕斯】

- 奶油乳酪回溫變軟備用（參照P.16）
- 吉利丁片浸冰水泡軟備用（參照P.28）
- 切8片長12cm的慕斯玻璃紙，放入另外準備的方形（邊長12cm）慕斯圈模型（**c**），抹點酒類，將玻璃紙貼上，另外4片會在【組裝】使用。

※蛋黃霜（Pâte à bombe）是將蛋黃、糖漿邊隔水加熱邊打發製成。
與英式蛋奶醬相比水分較少，不只能營造輕盈感，也能用來增添濃郁度。

方形慕斯圈模型

邊長12cm×高50mm的
方框。無底設計,建議搭
配比方框還要大一些的底
板使用較為方便。

慕斯玻璃紙

必須在方框慕斯圈四邊貼
上寬50mm左右的玻璃
紙,這樣才能從模型取出
起司慕斯。

作法

【製作法式可可酥餅麵團】

1 把放在料理碗的奶油用橡膠刮刀拌至
滑順狀,糖粉一次倒入,繼續拌勻。

2 蛋白分兩次加入,每次都要充分攪拌
(**d**)。加鹽。

3 已經篩過的粉類再次邊篩邊加入碗中
(**e**),用橡膠刮刀以切拌的方式混
合(**f**)。

> **point** 先切拌,奶油和蛋白散開後水分
> 也會跟著散開,粉類比較不容易飄起。

4 攪拌到粉類不會飄起後,就能用從碗
底撈起麵團的方式充分攪拌到完全看
不見粉類。

5 開始結塊後,放上保鮮膜,用手捏 =
成一球,接著壓平,覆蓋保鮮膜
(**g**)。冷藏靜置半小時,讓麵團變
得比較好作業。

6 從冷藏取出麵團,放在Guitar Sheet
塑膠片中央(參照P.56),用鋁條
搭配擀麵棍擀成3mm厚、14×
30cm大(**h**),冷凍3~4小時。

> **point** 配方使用較多奶油,麵團容易變
> 軟,但只要冷凍過就很好處理。

【製作糖煮酸櫻桃】

酸櫻桃起司慕斯蛋糕

作法

※冷凍好法式可可酥餅再開始製作。

7 將冷凍酸櫻桃放入鍋中，倒入檸檬汁。接著，把預拌好的精製白糖和果膠粉均勻地撒在酸櫻桃上（**i**）。靜置2小時直到出汁（**j**）。

> **point** 冷凍酸櫻桃能破壞掉水果纖維，變得跟照片一樣，滲出大量水分。

8 開中火煮沸（**k**），關火，加入吸乾水分的吉利丁片，用橡膠刮刀攪拌使吉利丁融化。

9 將**8**倒入包了保鮮膜的慕斯圈，等距擺入酸櫻桃（**l**），放涼。蓋上保鮮膜，冷凍3小時。

【製作起司慕斯】

※冷凍好糖煮酸櫻桃再開始製作。

10 鮮奶油倒入料理盆，盆底浸泡冰水，用手持式打蛋器打發（參照P.136）。將鮮奶油稍微打發，打快要能夠立起尖（**m**）。

11 鮮乳倒入耐熱碗，微波加熱40秒。加入吸乾水分的吉利丁片，用橡膠刮刀攪拌使吉利丁融化。

12 將蛋黃和水放入另一個料理盆打散開來，加入精製白糖，用刮刀攪拌。

> **point** 這樣的混合順序蛋黃較不易結塊，是我自己想出來的方法。製作蛋黃霜時多半會添加糖漿，但一般家庭較少使用到，所以這裡把糖漿拆解成水＋精製白糖分別加入。先將水分與蛋黃混合，接著再加入精製白糖就比較不會結塊。

13 將溫水倒入平底鍋，讓**12**的料理盆

浮在鍋中，邊隔水加熱，邊用橡膠刮刀不斷攪拌（**n**），溫度達到83℃後即可拿起。

point 要不斷攪拌，讓溫度慢慢上升，以免蛋黃煮熟。

14 用手持式電動打蛋器打至蛋黃變濃稠（**o**），製成蛋黃霜（**p**）。

point 鍋子斜拿，就算蛋黃量不多也能順利打發。

15 分3～4次將 **11** 的鮮乳加入放有奶油乳酪的料理盆，每次都要用橡膠刮刀拌開來（**q**）。最後再以打蛋器攪拌至沒有結塊的滑順狀（**r**）。

16 將 **14** 的蛋黃霜加入 **15**，用打蛋器攪拌（**s**）。

17 用打蛋器將步驟 **10** 的鮮奶油打至均勻，加入 **16**，立起刮刀，從中心以畫漩渦的方式繞圈攪拌（**t**）。

18 取170g步驟 **17** 的慕斯，倒入貼有玻璃紙的慕斯圈（**u**）。

19 將 **9** 的冷凍糖煮酸櫻桃脫模（**v**），倒入步驟 **17** 剩餘的慕斯（**w**），冷凍至少3小時。

【組裝】

酸櫻桃起司慕斯蛋糕

作法

※冷凍好起司慕斯再開始作業。

20 將慕斯圈（邊長12cm的方形）放在步驟 **6** 的麵團上，切取比方框還要大一圈的麵團（ **X** ）。

> **point** 建議使用切披薩的輪刀，這樣才不會切破鋪在下方的塑膠片。麵團切好再烤很容易烤到縮水，建議連同慕斯圈一起進爐烤，大小才會剛好。

21 將Silpan矽膠烤墊鋪在烤盤，接著把 **20** 的麵團連同慕斯圈擺上。以160℃烤箱烘烤8分30秒，烤盤轉向後再烤個2分鐘。直接在烤盤上放涼，切掉慕斯圈外側的酥餅（ **Y** ）。

22 將步驟 **19** 冷凍備用的起司慕斯放在平坦板子，接著放在有點高度的台子上，用手觸摸慕斯圈，讓慕斯稍微變軟，退下慕斯圈模型（ **Z** ），撕掉玻璃紙。

> **point** 台子大約是慕斯圈的2倍高。

23 將 **22** 的起司慕斯疊上 **21** 的酥餅，貼上新的玻璃紙，放在冰箱冷藏3小時解凍，分切成寬30mm×長60mm的塊狀。

※組裝合體前可以冷凍存放1週。組裝後則可冷藏存放至隔天。

> 準備好2倍量的法式可可酥餅麵團，剩餘的酥餅麵團可以保存2週。

甘納許 ————
巧克力榛果慕斯 ————
奶香柳橙醬 ————
柳橙果凍 ————
榛果達克瓦茲蛋糕 ————

巧克力柳橙慕斯蛋糕

Mousse au chocolat et à l'orange

比起單純的巧克力慕斯，搭配了酸味素材後，能讓慕斯變得更加美味。這裡選擇了巧克力與柳橙的黃金組合，最底層使用添加柳橙皮的榛果達克瓦茲蛋糕，讓風味更佳多元。達克瓦茲的榛果比例較高，想讓糕體蓬鬆頗有難度，但還是請各位挑戰看看。巧克力慕斯也加了榛果泥，讓整體表現更為一致。

材料

邊長15cm×高48mm模型1個分

◆ 榛果達克瓦茲蛋糕
（容易製作的分量）

榛果粉	85g
糖粉	50g
低筋麵粉（紫羅蘭）	15g
蛋白	100g
微粒子精製白糖	18g
柳橙皮（磨泥）	½顆
糖粉	適量

◆ 柳橙果凍

鏡面果膠（加水加熱型）	50g
糖漬橘皮丁（梅原）	30g
濃縮柳橙果泥（BOIRON）	25g
百香果尼（冷凍）	15g
柳橙汁（100%）	10g
吉利丁片（愛唯）	1g

◆ 奶香柳橙醬

柳橙汁（100%）	20g
全蛋	20g
蛋黃	12g
微粒子精製白糖	20g
鮮奶油（乳脂含量36%）	98g
吉利丁片（愛唯）	1.7g

濃縮柳橙果泥（BOIRON）	20g
柑曼怡香橙干邑	4g

◆ 巧克力榛果慕斯

調溫巧克力（可可含量40%）	120g
榛果泥（無糖）	20g
蛋黃	15g
微粒子精製白糖	10g
鮮乳	26g
鮮奶油（乳脂含量36%）	26g
吉利丁片（愛唯）	1.5g
鮮奶油（乳脂含量36%）	100g

◆ 甘納許（容易製作的分量）

調溫巧克力（可可含量66%）	60g
調溫巧克力（可可含量55%）	60g
鮮奶油（乳脂含量36%）	100g
無鹽奶油	25g

器具介紹

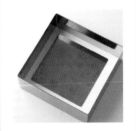

方形慕斯圈模型

邊長15cm×高50mm的方框。無底設計，建議搭配比方框小一些的底板，會更容易脫模。

材料介紹

濃縮柳橙果泥

濃縮製成的果泥。少量就能充分呈現出風味，可以用來補足鮮度。

巧克力柳橙慕斯蛋糕

準備作業

【榛果達克瓦茲蛋糕】

- 蛋白冰過備用（參照 P.16）

- 烤盤鋪放稻和半紙，將85g 榛果粉以150℃烤箱烘烤5 分鐘，放涼備用（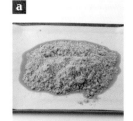），量取80g使用

- 所有粉類（放涼的榛果粉 80g、糖粉50g、低筋麵 粉）一起篩過備用（參照 P.16）

- 繪製瞄線→在稻和半紙畫 一個15cm的方框，等距取 6個點做記號（）。將紙 擺上烤盤，再鋪放烘焙紙

【柳橙果凍】

- 吉利丁片浸冰水泡軟備用 （參照P.28）

【奶香柳橙醬】

- 吉利丁片浸冰水泡軟備用 （參照P.28）

【巧克力榛果慕斯】

- 吉利丁片浸冰水泡軟備用 （參照P.28）

- 取鮮乳和26g鮮奶油混合備 用

作法

【製作榛果達克瓦茲蛋糕】

1 將蛋白、精製白糖倒入料理盆，盆子 浸泡冰水，用手持式打蛋器以中速至 少打發5分鐘。

   point 要打到能堅挺立起尖角（）。

2 將粉類邊篩邊加入，接著加入柳橙皮 （）。

   point 先加粉再加皮，打發的蛋白比較 不會消泡。

3 用橡膠刮刀從盆底撈起的方式攪拌材 料（）。可以邊轉動料理盆，邊從 正中間用寫英文字「J」的方式撈起 底部材料，並刮取盆子邊緣的材料翻 面。攪拌到看不見粉料即可。

   point 蛋白容易消泡，要迅速將粉料拌 勻。攪拌時轉動料理盆，就能避免攪拌不 均勻。麵糊在接下來的擠花步驟也會再混 合一次，所以要注意別攪拌過頭。

4 將麵糊填入裝有直徑12mm圓形花嘴的擠花袋（參照P.136），慢慢在烤盤擠出7條長條狀（**f**）。

> **point** 要立刻擠成條狀，以免消泡，可以稍微超出框線範圍。

5 用濾茶網將糖粉均勻地撒在麵糊上，撒完第一次，糖粉滲入麵糊後，再撒第二次（**g**）。

> **point** 撒糖粉能在表面形成薄膜，避免烘烤時麵糊變得太乾。

6 以180℃烤箱烘烤10分鐘，烤盤轉向後再烘烤2分鐘。從烤盤拿起，放在冷卻架上降溫，稍微變涼後，撕掉烘焙紙。

> **point** 如果不撕掉烘焙紙，餘熱會繼續悶蒸，導致糕體濕潤。

7 放上方形慕斯圈（邊長15cm），切掉多餘的榛果達克瓦茲蛋糕（**h**）。將蛋糕放入慕斯圈（**i**）。

【製作柳橙果凍】
※將完成的達克瓦茲蛋糕放入慕斯圈後再開始製作。

8 將吉利丁以外的材料全放入鍋中以中火煮沸，鏡面果膠完全融化後即可關火。加入吸乾水分的吉利丁片，用橡膠刮刀攪拌，讓吉利丁融化（**j**）。浸泡冰水，稍微降溫。

> **point** 完全放涼反而會使材料凝固，變得很難推抹開來，請多加留意。

9 將**8**的柳橙果凍倒入**7**，均勻抹開（**k**），冷凍約1小時。

巧克力柳橙慕斯蛋糕

作法

【製作奶香柳橙醬】
※柳橙果凍冷凍完成後再開始製作。

10 鮮奶油放入耐熱碗，微波加熱40秒，開始
冒出熱氣即可。

11 將全蛋、蛋黃、柳橙汁、精製白糖放入料
理盆攪拌，加入 **10** 的鮮奶油繼續拌勻。

12 移至鍋子，以小火煮至83℃，過程中要不
斷用橡膠刮刀攪拌。煮到冒熱氣，開始變
濃稠（**l**）。

13 關火，加入吸乾水分的吉利丁片，用橡膠
刮刀攪拌，讓吉利丁融化，再加以過濾。

14 加入濃縮柳橙果泥，以橡膠刮刀攪拌
（**m**）。稍微降溫，加入柑曼怡香橙干
邑，鍋子浸泡冰水，降溫至開始變濃稠。

15 將 **14** 的奶香柳橙醬倒入 **9**（**n**），抹
平，冷凍約2小時。

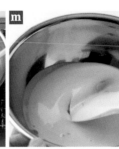

【製作巧克力榛果慕斯】
※奶香柳橙醬冷凍好之後再開始製作。

16 將100g鮮奶油倒入料理盆，盆底浸泡冰
水，用手持式打蛋器打發（參照P.136）。
將鮮奶油稍微打發，打快要能夠立起尖
角。

17 巧克力隔水加熱融化，用打蛋器稍作攪
拌。加入榛果泥（**o**），用打蛋器混合。
在進行步驟 **22** 的作業前，持續隔水加熱
備用。

18 將蛋黃、⅕預混好的鮮乳及鮮奶油放入料
理盆，加入精製白糖，用打蛋器攪拌。

19 把剩餘的鮮乳及鮮奶油倒入耐熱碗，微波
加熱40秒，直到冒出熱氣。

20 將 **19** 加入 **18** 攪拌，移至鍋子，以小火煮
至83℃。過程中要不斷用橡膠刮刀攪拌，
煮到冒熱氣，開始變濃稠。

21 關火，加入吸乾水分的吉利丁片，用橡膠
刮刀攪拌，讓吉利丁融化。

22 將 **21** 邊過濾，邊加入持續隔水加熱的 **17**
（**p**），立起打蛋器繞圈攪拌（**q**），
使其乳化。攪拌至麵糊出現明顯光澤
（**r**）。

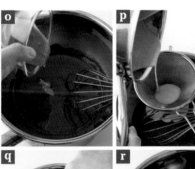

23 用打蛋器把 **16** 的鮮奶油拌勻，加入 **22**，
立起刮刀，從中心以畫漩渦的方式繞圈攪
拌（**s**）。

point 受巧克力脂肪的影響，慕斯很快就會
變硬，所以作業要迅速。

24 將 **23** 的榛果巧克力慕斯倒入 **15**（ t ），抹平，冷凍約3小時。

【製作甘納許】
※榛果巧克力慕斯冷凍好之後再開始製作。

25 將2種巧克力一起微波加熱30秒＋30秒＋20秒使其融化。鮮奶油微波1分鐘，倒入巧克力。

> **point** 視情況分次微波巧克力，以免過度加熱。

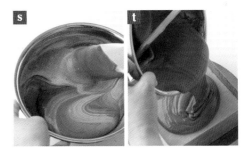

26 用手持式料理棒攪拌，使其乳化。等到降溫至36℃，加入奶油，繼續用手持式料理棒攪拌（ u ），使其乳化。

> **point** 太熱會使奶油變成液狀，所以要留意溫度。

27 料理盆放置平台，接著把擺在12cm方形平板的 **24** 連同慕斯圈一起放上。用手觸摸慕斯圈（ v ），讓慕斯稍微變軟。將慕斯圈上提2～3mm做出高度（ w ）。

> **point** 多出的慕斯圈高度就是甘納許的厚度。甘納許太厚的話會影響整體風味，須特別留意。

28 將 **26** 的甘納許一口氣倒入 **27** 中間（ x ），用抹刀從中心朝四方抹平（ y ）。

> **point** 甘納許會馬上變硬，所以要一氣呵成。把刮掉的甘納許放入料理盆。

29 甘納許變硬後，就能退下慕斯圈模型（ z ），放在冰箱冷藏3小時解凍，稍微切掉邊緣，接著分切成25mm×70mm的塊狀。

※還沒澆淋甘納許的話，可以冷凍存放約1週。淋上甘納許後，可冷藏存放至隔天。

2～3mm

剩餘的甘納許可以倒在鋪了烘焙紙的烤盤凝固變硬，成品會很像生巧克力。

覆盆子開心果慕斯蛋糕

Mousse de framboise et crème à la pistache

覆盆子和開心果是絕對不會失敗的組合。中間夾入非常少量的大黃,成為絕佳點綴。為了盡量呈現出可可達克瓦茲的膨柔厚感,製作時要避免過度攪拌,麵糊在擠花袋裡頭混合完畢。

鏡面果膠 —— 覆盆子慕斯
奶香開心果醬
糖漬大黃 —— 巧克力達克瓦茲蛋糕

材料

18.5cm×65mm×高45mm的半圓慕斯模1個分

◆ 巧克力達克瓦茲蛋糕

杏仁粉	40g
可可粉(無糖)	10g
微粒子精製白糖	30g
中高筋麵粉(法國粉)	8g
⌈ 蛋白	75g
⌊ 微粒子精製白糖	40g
糖粉	適量

◆ 糖漬大黃

冷凍大黃	60g
微粒子精製白糖	35g

◆ 奶香開心果醬

開心果醬	10g
微粒子精製白糖	12g
蛋黃	20g
鮮奶油(乳脂含量36%)	55g
吉利丁片(愛唯)	0.8g
Amaretto杏仁酒	5g

◆ 覆盆子慕斯(容易製作的分量)

覆盆子果泥(冷凍、含糖)	80g
檸檬汁	2g
蛋白	30g
微粒子精製白糖	25g
水	10g
吉利丁片(愛唯)	2.5g
鮮奶油(乳脂含量36%)	85g

◆ 最後裝飾(容易製作的分量)

鏡面果膠	250g
水	適量

準備作業

【奶香開心果醬】

● 吉利丁片浸冰水泡軟備用(參照P.28)

● 裁切兩片Guitar Sheet塑膠片,尺寸分別是中間餡料用的11.5×18.5cm以及慕斯用的16.5×18.5cm。將中間餡料用的塑膠片鋪進半圓慕斯模(a)

point 注意不可短於模型長邊(18.5cm)。

【巧克力達克瓦茲蛋糕】

● 蛋白冰過備用(參照P.16)

● 繪製瞄線→在稻和半紙畫一個72mm×18.2cm的長方框,等距取6個點做記號(b)。將紙擺上烤盤,再疊上Silpan矽膠烤墊

● 所有粉類(杏仁粉、可可粉、精製白糖30g、中高筋麵粉)一起篩過備用(參照P.16)

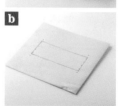

【糖漬大黃】

● 大黃和精製白糖一起醃泡3～6小時（**c**）

> **point** 冷凍大黃能破壞掉水果纖維，變得跟照片一樣，滲出大量水分。

【覆盆子慕斯】

● 覆盆子解凍備用

● 吉利丁片浸冰水泡軟備用（參照P.28）

器具介紹

半圓慕斯模

長邊18.5cm×高45mm，容量500ml。因為形狀很像屋簷的集水盤，所以日文又稱為トヨ型。

作法

【製作奶香開心果醬】

1 將開心果醬、精製白糖、⅕的鮮奶油放入耐熱碗，用打蛋器攪拌，注意不可有結塊。加入蛋黃（**d**）繼續攪拌。

2 剩餘的鮮奶油微波加熱30秒，直到冒出熱氣，倒入**1**拌勻（**e**）。

3 移至鍋子，以小火煮至83℃。過程中要不斷用橡膠刮刀攪拌，煮到冒熱氣，開始變濃稠（**f**）。

4 關火，加入吸乾水分的吉利丁片，用橡膠刮刀攪拌，讓吉利丁融化。過濾（**g**），加入Amaretto杏仁酒，浸泡冰水降溫。

> **point** 成品量大約是75g，汁液如果收得不夠乾，奶香開心果醬會變得很稀，所以要確認成品量。

5 倒入鋪了塑膠片的半圓慕斯模（**h**），抹平（**i**），冷凍2小時。

覆盆子開心果慕斯蛋糕

作法

【巧克力達克瓦茲蛋糕】

※奶香開心果醬倒入模型後再開始製作。

6 蛋白倒入料理盆，盆子浸泡冰水，邊用手持式電動打蛋器低速打發。

7 整體呈現泡沫狀時，從40g精製白糖取⅓分量，倒入蛋白中，繼續以低速打發。剩餘的精製白糖則分3次加入（**j**），每次都要用低速打發。

> **point** 打到能堅挺立起尖角（**k**）。

8 已經篩過的粉類再次邊篩邊加入，用橡膠刮刀從盆底撈起的方式攪拌（**l**）。可以邊轉動料理盆，邊從正中間用寫英文字「J」的方式撈起底部材料，並刮取盆子邊緣的材料翻面。攪拌到快要看不見粉料即可。

> **point** 蛋白容易消泡，要迅速將粉料拌勻。攪拌時轉動料理盆，就能避免攪拌不均勻。麵糊在接下來的擠花步驟也會再次混合，所以要注意別攪拌過頭。

9 將麵糊填入裝有直徑16mm圓形花嘴的擠花袋（參照P.136），慢慢在烤盤擠出5條長條狀（**m**）。

> **point** 要立刻擠成條狀，以免消泡，可以稍微超出框線範圍。

10 用濾茶網將糖粉均勻地撒在麵糊上，撒完第一次，糖粉滲入麵糊後，再撒第二次。

> **point** 撒糖粉能在表面形成薄膜，避免烘烤時麵糊變得太乾。

11 以180℃烤箱烘烤10分鐘，烤盤轉向後再烘烤2分鐘。從烤盤拿起，放在冷卻架上降溫，稍微變涼後，撕掉烘焙紙。

> **point** 如果不撕掉烘焙紙，餘熱會繼續悶蒸，導致糕體濕潤。

12 完全放涼後，依照半圓慕斯模的大小，切成18cm×65mm（**n**）。

【糖漬大黃】

※奶香開心果醬冷凍好之後再開始製作。

13 將醃泡好的大黃放入鍋中，開火加熱。邊輕輕按壓，邊用稍弱的中火烹煮。煮到水分大致收乾（），稍微放涼降溫。

14 變得不燙手後，均勻地抹在 **5** 上方（），冷凍3小時。

> **point** 把奶香開心果醬和糖漬大黃一起冷凍製成內餡。

【覆盆子慕斯】

※步驟 **14** 的內餡冷凍好之後再開始製作。

15 鮮奶油倒入料理盆，盆底浸泡冰水，用手持式電動打蛋器打發（參照P.136），打快要能夠立起尖角的狀態。

16 準備小鍋子，將水、精製白糖以稍強的中火加熱，煮至117℃收乾汁液，製成糖漿（）。

> **point** 因為分量不多，過程中可以不用攪拌，注意勿燒焦即可。

17 將蛋白放入料理盆，用手持式電動打蛋器高速打發。接著轉低速，邊倒入 **16** 的糖漿，邊繼續打發（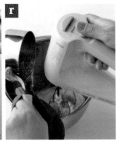），直到降溫變涼，變成質地扎實的義式蛋白霜（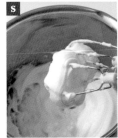）。

> **point** 要扎實到看得見蛋白的攪拌痕跡。義式蛋白霜的材料為蛋白與糖漿。

18 將吉利丁放入另一個料理盆，隔水加熱融化，加入¼的覆盆子果泥，用橡膠刮刀拌勻。

19 把 **18** 倒回剩餘的果泥中，再用橡膠刮刀迅速拌勻，接著加入檸檬汁繼續攪拌。

20 加入 **17** 的義式蛋白霜，用打蛋器繞圈攪拌（）。

> **point** 攪拌時轉動料理盆，就能避免攪拌不均勻。剛開始要施力攪拌，接著則要改成撈拌的方式混勻。

21 用打蛋器將 **15** 的鮮奶油打至均勻後加入，用橡膠刮刀從盆底撈起的方式拌勻（）。

> **point** 覆盆子慕斯容易消泡，所以要立刻做好冷凍。

【組裝】

22 用手觸摸 **14** 半圓慕斯模的兩側，讓內餡變軟，連同塑膠片一起取出（**V**），用保鮮膜包裹，冷凍備用。

23 在半圓慕斯模鋪入另一片塑膠片（**W**），倒入130g步驟 **21** 的覆盆子慕斯（**X**），抹平。

24 把 **22** 的內餡擺在正中間，輕輕按壓（**Y**）。撈一匙覆盆子慕斯填入（**Z**），用橡膠刮刀抹平。
　＊剩餘的覆盆子慕斯可以放進容器，冷藏冰鎮凝固。

25 擺上 **12** 的巧克力達克瓦茲蛋糕，均勻輕壓（**A**），冷凍約3小時。

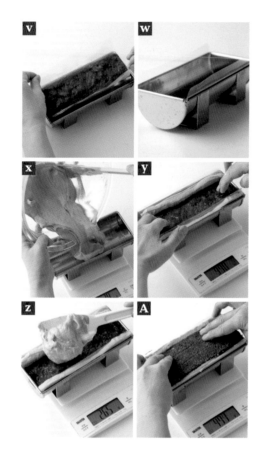

【最後裝飾】
※ **25** 冷凍完成後再開始作業。

26 將鏡面果膠、水倒入鍋子，邊用橡膠刮刀攪拌邊加熱（**B**）。放涼。
　point　鏡面果膠要依照產品包裝指示，加入所需水量，並以指定溫度加熱融化。

27 在料理盤放上網架。將 **25** 從慕斯模取出，放至架上，一鼓作氣澆淋 **26** 的鏡面果膠（**C**）。放冷藏3小時解凍。
　point　鏡面果膠淋下去之後會逐漸凝固，所以要迅速澆淋完畢。
　＊滴在料理盤的鏡面果膠可以過濾後冷凍保存再利用。

※冷藏存放至隔天。澆淋鏡面果膠前則可冷凍存放1週。

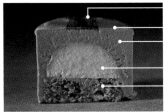

覆淋用巧克力
鏡面果膠
咖啡慕斯

香蕉庫利
榛果達克瓦茲蛋糕

咖啡香蕉慕斯蛋糕

Mousse au café et à la banane

有人許願想吃咖啡口味的慕斯，所以有了這道甜點。咖啡和香蕉的組合雖然有點特別，但其實濃郁甜美的香蕉內餡和咖啡的苦味極為相搭。製作亮點在於榛果香氣的達克瓦茲蛋糕時，要記得將蛋白徹底打發，才能避免糕體質地過硬。

材料

直徑55mm×高45mm 6個分

◆ 榛果達克瓦茲蛋糕
（容易製作的分量）

榛果粉	60g
中高筋麵粉（法國粉）	10g
蛋白	80g
微粒子精製白糖	50g
糖粉	適量

◆ 香蕉庫利（Coulis）
（FLEXIPAN小糕點矽膠模6個分）

香蕉泥（冷凍、無加糖）	40g
鮮奶油（乳脂含量36%）	75g
蛋黃	10g
微粒子精製白糖	10g
吉利丁片（愛唯）	1.3g

◆ 咖啡慕斯

即溶咖啡	6g
蛋黃	36g
微粒子精製白糖	30g
鮮乳	90g
鮮奶油（乳脂含量36%）	160g
吉利丁片（愛唯）	3g

◆ 最後裝飾（容易製作的分量）

覆淋用巧克力	20g
鏡面果膠	250g
水	適量

準備作業

【榛果達克瓦茲蛋糕】

● 蛋白冰過備用（參照P.16）

● 烤盤鋪放稻和半紙，將榛果粉以150℃烤箱烘烤5～6分鐘，放涼備用

● 所有粉類（放涼的榛果粉、中高筋麵粉）一起篩過備用（參照P.16）

● 繪製瞄線→在稻和半紙畫一個16×22cm的長方框，等距取5個點做記號（ a ）。將紙擺上烤盤，再疊上烘焙紙

a

【香蕉庫利】

● 香蕉泥解凍備用

● 吉利丁片浸冰水泡軟備用（參照P.28）

【咖啡慕斯】

● 吉利丁片浸冰水泡軟備用（參照P.28）

器具介紹

FLEXIPAN小糕點矽膠模

直徑45mm×高30mm。選擇材質為矽膠和玻璃纖維的FLEXIPAN，可以冰冷凍，也可以放烤箱，相當方便。

咖啡香蕉慕斯蛋糕

作法

【製作榛果達克瓦茲蛋糕】

1 用巧克力柳橙慕斯蛋糕的方法，製作榛果達克瓦茲蛋糕（P.66的步驟 **1～3**）。

2 將麵糊填入裝有直徑12mm圓形花嘴的擠花袋（參照P.136），慢慢在烤盤擠出6條長條狀（**b**）。

> **point** 立刻擠成條狀，以免消泡，可以稍微超出框線範圍。

3 用濾茶網將糖粉均勻地撒在麵糊上，撒完第一次，糖粉滲入麵糊後，再撒第二次（參照P.67步驟 **5**）。

4 以180℃烤箱烘烤8分鐘，烤盤轉向後再烘烤4分鐘。從烤盤拿起，放在冷卻架上降溫，稍微變涼後，撕掉烘焙紙。

【製作香蕉庫利】

5 將蛋黃、1大匙鮮奶油放入料理盆，加入精製白糖攪拌均勻（**c**）。

6 剩餘的鮮奶油微波加熱40秒，開始冒出熱氣即可。邊加入 **5**，邊用打蛋器攪拌。

7 移至鍋子，以小火煮至83℃，過程中要不斷用橡膠刮刀攪拌。

> **point** 煮到冒熱氣，開始變濃稠（**d**）。

8 關火，加入吸乾水分的吉利丁片，用橡膠刮刀攪拌，讓吉利丁融化，再加以過濾（**e**），接著加入香蕉泥拌勻。

9 等量倒入矽膠模（**f**），稍微放涼（20℃左右），接著冷凍3小時。

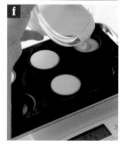

【製作咖啡慕斯】

※香蕉庫利冷凍好之後再開始製作。

10 將鮮奶油倒入料理盆，盆底浸泡冰水，用手持式打蛋器打發（參照P.136）。將鮮奶油稍微打發，打快要能夠立起尖角。

11 將蛋黃、1/5的鮮乳放入料理盆，加入精製白糖，用打蛋器攪拌。

12 把剩餘的鮮乳倒入耐熱碗，加入即溶咖啡混合，微波加熱1分30秒，直到冒出熱氣。接著邊加入 **11**，邊用打蛋器攪拌。

13 移至鍋子，以小火煮至83℃，過程中要不斷用橡膠刮刀攪拌。煮到冒熱氣，開始變濃稠。

14 關火，加入吸乾水分的吉利丁片，用橡膠刮刀攪拌，讓吉利丁融化，再加以過濾。料理盆浸泡冰水降溫直到變濃稠。

15 用打蛋器把步驟 **10** 的鮮奶油拌勻，加入 **14**，立起刮刀，從中心以畫漩渦的方式繞圈攪拌。

【組裝】

16 用直徑45mm的圓形模，壓取步驟 **4** 的榛果達克瓦茲蛋糕（ **g** ）。

17 將直徑55mm×高45mm的圓形模裹保鮮膜（ **h** ），分別倒入步驟 **15** 的咖啡慕斯，分量為43g。

18 將步驟 **9** 的香蕉庫利脫模，擺上 **17** （ **i** ），用力下壓（ **j** ）。接著將咖啡慕斯抹平。

19 放上 **16** 的榛果達克瓦茲蛋糕，稍微輕壓（ **k** ）。

20 放上Guitar Sheet塑膠片，接著用料理盤蓋住，冷凍約3小時。

> **point** 慕斯稍微滲出也沒關係。用料理盤的重量下壓可以確保慕斯完全填滿。

【最後裝飾】

21 覆淋用巧克力放入料理盆，隔水加熱融化。

22 將鏡面果膠、水倒入鍋子，用橡膠刮刀攪拌融化，放涼降溫至45℃。

> **point** 鏡面果膠加熱的水量請參照產品包裝。

23 **20** 的慕斯如果有溢出，就用抹刀刮掉，接著撕掉保鮮膜。用毛刷在表面塗抹 **21** 的覆淋用巧克力（ **l** ），接著浸入 **22** 的鏡面果膠中（ **m** ）。

24 將杯子倒放在料理盤，擺上 **23**。用手觸摸圓形模讓慕斯變軟，接著退下模具（ **n** ）。放在冰箱冷藏3小時解凍。

> **point** 杯子大約是圓形模的2倍高。

※完成前可冷凍保存1週，完成後可以冷藏方式保存至隔天。

> 剩餘的覆淋用巧克力可以放在烘焙紙上凝固再利用。記得密封保存。

下：法式可可酥餅
中：巧克力風味法式薄餅脆片
上：覆盆子法式棉花糖

覆盆子
法式棉花糖

Guimauve à la framboise

成品的外型與法式棉花糖差異還蠻大的。在口感酥脆的法式可可酥餅擠上法式棉花糖，中間則是藏入了巧克力風味的法式薄餅脆片，為口感上帶來點綴。與質地硬脆的法式棉花糖口感形成對比，品嚐起來非常享受，是道與眾不同的甜點。做好當天品嚐最是美味。只有吉利丁才能呈現出法式棉花糖帶有彈性的口感。

材料

直徑40mm大 24個分

◆ 法式可可酥餅麵團
（直徑45mm 約24片）

無鹽發酵奶油	50g
糖粉	20g
鹽	0.2g（一小撮）
蛋白	6g
中高筋麵粉（法國粉）	60g
杏仁粉	25g
可可粉（無糖）	8g

◆ 覆盆子法式棉花糖
（容易製作的分量）

水飴	30g
轉化糖漿	25g
檸檬汁	5g
微粒子精製白糖	55g
吉利丁片（愛唯）	9g
覆盆子果泥（冷凍、含糖）	60g
轉化糖漿	30g

◆ 巧克力風味法式薄餅脆片
（容易製作的分量）

調溫巧克力（可可含量40%）	40g
開心果果仁糖	30g
法式薄餅脆片	30g

◆ 組裝用

玉米澱粉、糖粉	各適量

準備作業

【法式可可酥餅麵團】

● 奶油回溫變軟（參照P.16）

● 所有粉類（中高筋麵粉、可可粉）一起篩過備用（參照P.16）

● 糖粉用濾茶網篩過備用（參照P.16）

【覆盆子法式棉花糖】

● 覆盆子果泥解凍備用

● 吉利丁片浸冰水泡軟備用（參照P.28）

作法

【製作法式可可酥餅麵團】

1 奶油放入料理盆，用橡膠刮刀拌至滑順，加入所有糖粉，繼續攪拌。

2 蛋白分兩次加入（**a**），每次都要攪拌，接著加鹽。

3 已經篩過的粉類再次邊篩邊加入，用橡膠刮刀切拌均勻（**b**）。

> **point** 先切拌，奶油和蛋白散開後水分也會跟著散開，粉類比較不容易飄起。

4 粉類不會飄起後，就能改從盆底撈起的方式攪拌，拌到看不見粉末，變成顆粒狀即可。

> **point** 麵團變黏的話可以用保鮮膜平坦包覆，放入冰箱冷藏半小時左右，讓麵團變得更好處理。

5 將麵團放在Guitar Sheet塑膠片中央（參照P.56）夾住（**c**），用鋁條搭配擀麵棍擀成3mm厚、23cm長的方形（**d**），冷凍4小時。

> **point** 配方使用較多奶油，麵團容易變軟，但只要充分冷凍就很好處理。

6 用直徑45mm的圓形模壓取酥餅麵團（**e**），排列在鋪了Silpan矽膠烤墊的烤盤上，要空出間隔（**f**）。

7 以160℃烤箱烘烤8分30秒，直接在烤盤上放涼。

【製作巧克力風味法式薄餅脆片】
※酥餅放涼後再開始製作。

8 將巧克力放入耐熱碗，微波加熱30秒＋30秒使其融化。

> **point** 視情況分次微波巧克力，以免過度加熱。

9 加入開心果果仁糖，用橡膠刮刀攪拌，接著加入法式薄餅脆片，讓材料裹在一起。

10 取3～4g放在步驟**7**的酥餅上（**g**）。冷藏冰鎮1小時使其凝固。

> 剩餘的巧克力風味法式薄餅脆片可以用湯匙分成容易入口的大小放在烘焙紙上，放入冰箱冷藏冰鎮凝固，品嘗起來也很美味。

覆盆子法式棉花糖

【製作覆盆子法式棉花糖】

※ **10** 凝固變硬後再作業。

11 把水飴、25g轉化糖漿、檸檬汁、精製白糖倒入鍋子，以中火加熱。過程中要用橡膠刮刀攪拌，煮至110℃收乾汁液（**h**）。

12 將覆盆子果泥、30g轉化糖漿放入耐熱容器，微波加熱1分20秒，直到冒出熱氣。加入吸乾水分的吉利丁片（**i**），用橡膠刮刀攪拌，讓吉利丁融化。

13 將 **11**、**12** 倒入桌上型攪拌機的鋼盆（**j**），攪拌到變得不燙手（**k**），材料會稍微變白且濃稠（**l**）。

> **point** 如果是KitchenAid的攪拌機，就是用速度6攪拌13分鐘左右。沒有桌上型攪拌機也可以用手持式電動打蛋器替代。打發泡的時間長短會影響到口感。

【組裝】

14 將步驟 **13** 剛完成的法式棉花糖麵糊填入裝有直徑12mm圓形花嘴的擠花袋（參照P.136），擠在 **10** 上，注意不要溢出（**m**）。常溫放置3小時等待變硬。

※做好當天品嚐最是美味。可存放至隔天，但建議不要久放。

剩餘的法式棉花糖麵糊可依下述方法處理。

1 取玉米澱粉和糖粉以1：1的比例混合，用濾茶網過濾撒在塑膠片上。

2 將麵糊擠在 **1** 上，要空出間隔。常溫放置3小時等待變硬。

※放入密閉容器可常溫存放3天。

洋菜粉

Agar

咖啡凍

作法 → P.108

Gelée de café

百香果香蕉慕斯

作法 → P.110

Mousse aux fruits de la passion et à la banane

水果凍

作法 → P.112

Gelée de fruits

紅茶凍＆香草乳酪慕斯佐李子醬

作法 → P.113

Gelée de thé et mousse au fromage blanc
à la vanille et au coulis de prune

黑醋栗・薄荷

 作法 → **P.116**

Verrine au cassis et à la menthe

抹茶義式奶凍＆黑糖凍聖代

作法 → P.120

*Panna cotta au matcha et gelée
de sucre noir japonais*

用洋菜粉
製作基本水凍

品嚐用洋菜粉做的果凍可以享受到Q彈的獨特口感，還有另一個特徵，就是極高的透明度。各位不妨記一下洋菜粉的基本用法。

洋菜粉常溫下就能凝固，所以要在凝固前移至器皿或容器中。此配比用量（添加率約1.5％）能做出質地較軟，滑順到能夠飲用喝下的果凍。不過，洋菜粉有個特性，一旦無法維持形狀就很容易離水，所以建議品嚐前再從容器或模型取出。

材料

口徑75mm×高67mm、
容量150ml的容器，約4個分

水 ································ 240g
伊那洋菜粉L ················ 4.5g
微粒子精製白糖 ············ 60g

準備作業

● 洋菜粉和精製白糖混合備用（ **a** ）

> **point** 洋菜粉粒子細小，容易吸水，直接加入水裡很容易結塊，所以務必先與精製白糖等其他材料混合。

關於驗證洋菜粉時的條件

· 為了調查洋菜粉的效果，驗證時使用了不具影響作用的水來當材料，水則是統一使用礦泉水。

· 材料與作法是以上述的「基本水凍」為基準，但會以微波爐加熱。用瓦斯爐加熱較難維持固定的火候，容易使完成量出現差異。另外，攪拌方式不同也很容易造成水分蒸發量有落差。洋菜粉必須使用90℃以上的液體煮融化，建議先微波加熱，稍微攪拌後，再放入精製白糖和洋菜粉使其融化，並確認有無冒出熱氣。

· 驗證基本上是使用伊那洋菜粉L，業者建議每1000g的標準使用量為15～20g。

· 微波加熱後立刻等量均分，等到凝固後，確認成品量有無誤差後再用來驗證。

作法

1 將水倒入鍋子，邊攪拌水，邊加入預拌好的洋菜粉和精製白糖（ **b** ）。

> **point** 洋菜粉很容易結塊，務必邊拌邊加。

> **point** 如果不是加入水中，是加入甜味液體的話，可能就不用事先與砂糖預拌。但是，不與砂糖混合的話很容易結塊，這時務必在攪拌液體的同時撒入洋菜粉。

2 開火，用橡膠刮刀定速攪拌煮滾（ **c** ）。

> **point** 加入跟砂糖預拌好的洋菜粉後，就要不停攪拌。但是，過度攪拌也會影響成品硬度，務必多加留意。

> **point** 將液體加熱至90℃以上煮融化。洋菜粉過度煮沸會影響凝固力，注意不可長時間超過100℃。

> **point** 可以觀察鍋子邊緣是否不斷冒泡，中間也會開始微微產生泡泡（ **d** ），煮到這樣的狀態時，即可停止加熱。

> **point** 如果要混合水果泥等冰涼材料時，一口氣全部加入會使溫度驟降，洋菜粉開始凝固，所以冰涼材料要盡量等到恢復常溫後再混合。

3 等量倒入杯子，置於常溫放涼。放入冰箱冷藏2.5～3小時冰鎮凝固。

> **point** 邊測重量邊倒可以使分量更均勻。

> **point** 洋菜粉常溫下就能凝固，等到放涼變硬才開始分裝的話會很難作業，所以要先倒入器皿或容器後再放涼。置於常溫，不燙手後就能放入冰箱冷藏。

> **point** 洋菜粉的主要成分是膳食纖維，會透過冷卻集結在一起，形成網狀結構，鎖住水分，變成果凍。這也意味著如果在凝固過程中搖晃、觸碰的話，可能會阻礙集結，變得無法凝固，所以凝固前應避免移動觸碰。

- 洋菜粉添加率是指液體量或整體量對應的洋菜粉添加比例。外包裝可能會清楚記載液體量或整體量，也可能標示不清，大多數的業者都會直接表示整體量。驗證吉利丁與寒天時，添加率是指「材料液體量對應的凝固劑用量」，不過這裡的驗證是指「材料整體量對應的洋菜粉用量」。
- 驗證時若沒有特別說明，原則上都是使用直徑71mm×高62mm、容量130ml的塑膠製布丁杯（附透氣孔柱），每個布丁杯的果凍液約為70g。
- 洋菜粉常溫就會凝固，不過這裡比照業者內部驗證果凍強度時設定的時間，將拍攝與試吃統一設定在15小時後。
- 取出洋菜粉果凍時，不用像驗證吉利丁一樣還要泡熱水。由於洋菜粉具備離水性，只要折斷布丁杯上的透氣孔柱，讓空氣進入後即可取出。

改變砂糖量的話？

增加砂糖量會使果凍的硬度、
彈性、透明度跟著增加

這裡試著驗證了砂糖量與洋菜粉硬度的關係。

作法是以洋菜粉6g（整體量的2%）為基準，分別添加30、60、120g的精製白糖。水則是分別添加270、240、180g，讓洋菜粉添加率維持2%。加熱統一使用500W微波爐，加熱時間依總量作下述調整。使用的是伊那洋菜粉L。

A 精製白糖30g。
微波3分30秒。

B 精製白糖60g。
微波3分20秒。

C 精製白糖120g。
微波3分10秒。

所有成品的口感都很滑順，不過隨著 **A**、**B**、**C** 砂糖用量的增加，硬度和彈性也跟著增加。**C** 的邊角最為明顯，驗證結果跟吉利丁一樣，但洋菜粉的結果差異比吉利丁大上許多（驗證①「改變砂糖量的話？」〈P.30〉）。

外觀差異也很明顯，**A**、**B**、**C** 隨著砂糖量的增加，透明度也跟著增加。其實，吉利丁（驗證①「改變砂糖量的話？」〈P.30〉）和寒天（驗證①「改變砂糖量的話？」〈P.128〉）也都有相同趨勢，看來，砂糖本身就具備讓果凍更透明的作用。

A 精製白糖30g　　**B** 精製白糖60g　　**C** 精製白糖120g

改變洋菜粉量的話？

洋菜粉愈多，果凍凝固後愈扎實，邊角會很明顯

業者其實都會訂出洋菜粉的基本添加率（使用量），這裡還是試著驗證看看，不同用量會產生怎樣的變化。

作法是以水240g、微粒子精製白糖60g，分別搭配1％、2％、3％的洋菜粉用量。加熱條件則統一以500W微波爐加熱3分20秒。使用的是伊那洋菜粉L（業者建議添加率為1.5～2％）。

A 洋菜粉3g（1％）

B 洋菜粉6g（2％）

C 洋菜粉9g（3％）

A 取出時無法維持住形狀，口感也最軟。**B** 的口感滑順，且看得出邊角。**C** 保有滑順感的同時，質地卻比 **A**、**B** 來得硬，邊角也最為明顯。觀察照片中間上方一目瞭然。由此可知，洋菜粉用量愈多，果凍凝固後會愈扎實，邊角也會更明顯。

接著是甜味呈現，**A** 吃起來感覺最甜。接著 **B**、**C** 的甜度會依序變低。我認為這是因為 **A** 相當柔軟，果凍會在口中擴散開來，反觀 **B**、**C** 較硬，口內接觸面積較小的緣故。就口感、甜味感受度而言，都與吉利丁的結果趨勢相同（驗證②「改變吉利丁量的話？」〈P.32〉）。

另外，**A** 取出後會立刻離水，**B** 過段時間也會離水，反觀 **C** 就算放置一段時間，也沒有離水情況。由此可知，只要充分凝固，就不易出現洋菜粉具備的離水性。

添加量會影響品嚐時味道的擴散表現，各位不妨參考產品規定量，找到自己喜愛的口感。

A 洋菜粉3g　　　**B** 洋菜粉6g　　　**C** 洋菜粉9g

改變檸檬汁（酸）添加量的話？

檸檬汁愈多，
果凍反而會變得不黏稠

製作果凍經常會添加帶酸味的水果。一般認為洋菜粉不太耐酸，這裡針對實際上會出現什麼變化進行驗證。

材料統一為精製白糖60g、洋菜粉6g（整體量的2%），並分別添加20g、40g、60g的檸檬汁。水量會以2%的洋菜粉添加率為基準，分別調整成220、200、180g。

統一使用500W微波爐加熱，時間則會依總量作下述調整。使用的是伊那洋菜粉L。

驗證酸含量影響的同時，也驗證了加熱對酸是否會造成影響。

A、**B**、**C** 的步驟是「洋菜粉＋精製白糖→加入水中→微波加熱→加入檸檬汁」，**D** 則是「洋菜粉＋精製白糖→加入水中→加入檸檬汁→微波加熱」。雖然業者不建議使用 **D** 方法，這裡還是納入驗證。

A 水220g、檸檬汁20g。
微波3分30秒後再添加檸檬汁。

B 水200g、檸檬汁40g。
微波3分20秒後再添加檸檬汁。

C 水180g、檸檬汁60g。
微波3分10秒後再添加檸檬汁。

D 水180g、檸檬汁60g。
先加檸檬汁再微波3分30秒。

所有成品都是滑順口感，用手指從上面按壓時，會依照 **A**、**B**、**C** 順序愈變愈扎實。黏性感受上則是依 **A**、**B**、**C** 愈變愈弱。

A 最像洋菜粉會有的質地，比 **B**、**C** 更軟。**B** 化開的方式和離水狀況則介於 **A**、**C** 之間，**C** 最不像洋菜粉會有的質地，感覺比較接近寒天。**D** 的口感則是最柔軟、質地也最不扎實。

由此可知，酸的添加量愈多，洋菜粉特有的黏性、黏糊感及保水度會跟著下降。不過，比較檸檬汁分量相同，未加熱 **C** 和有加熱 **D** 的結果後發現，**D** 比較軟。這也意味著與酸一起加熱的話，會減弱洋菜粉的凝固作用。

根據上述驗證可以得到一個結論，那就是檸檬汁這類酸味強勁的液體與洋菜粉一起煮滾後無法凝固的特性是洋菜粉所致。

如果要製作酸味洋菜粉果凍，就必須注意加入檸檬汁的時間點。

 **A** 加熱後添加檸檬汁20g

B 加熱後添加檸檬汁40g

C 加熱後添加檸檬汁60g

D 先加檸檬汁60g，再加熱

Vérification No.4

加入新鮮鳳梨凝固成果凍的話？

果凍還是可以凝固

新鮮鳳梨、奇異果等水果含有酵素，會分解掉吉利丁所含的蛋白質，果凍將無法凝固。前面已透過驗證④「加入新鮮鳳梨後，吉利丁真的無法凝固嗎？」（P.36）加以證實。這裡也針對洋菜粉做了驗證，看看結果是否一樣？

材料統一為水240g、精製白糖60g、洋菜粉6g（整體量的2%），加熱條件皆是以500W微波爐加熱3分30秒。使用的是伊那洋菜粉L。把果凍液倒入模型，再放入鳳梨，接著放涼使其凝固。這裡使用了未加熱（新鮮）和加熱過的鳳梨，條件如下。

A 未加熱鳳梨15g

B 加熱鳳梨15g
（把15g新鮮鳳梨微波3分鐘，放涼後使用）

A、**B** 都能順利凝固。鳳梨的位置高度雖然不太一樣，但這次驗證分別製作了4個果凍，皆未能從 **A**、**B** 的結果看出下沉方式有特別的趨勢，因此認定是由鳳梨本身構成的差異。硬度、口感上並無明顯不同。

由此可知，鳳梨含有的蛋白質分解酵素不會對洋菜粉造成影響。

含有蛋白質分解酵素的水果雖然會使吉利丁不易凝固，卻不會影響洋菜粉。從吉利丁和洋菜粉的原料來看就可略知一二。吉利丁的原料來自牛皮或豬皮（膠原蛋白＝蛋白質），而洋菜粉的原料是從海藻萃取出的膳食纖維。

於是我利用這個驗證結果，製作了P.112的水果凍。

寒天跟洋菜粉一樣，原料都是海藻，是用海藻萃取出的多醣類製成，所以能凝固鳳梨等內含蛋白質分解酵素的水果。

A 未加熱鳳梨15g

B 加熱鳳梨15g

Vérification No.5

乳脂濃度會影響洋菜粉？

乳脂成分愈高，
果凍的凝固狀態會愈扎實

前面有用吉利丁做了鮮乳與鮮奶油的驗證（驗證⑤「乳脂濃度會影響吉利丁？」〈P.38〉），這裡也以洋菜粉進行驗證。

材料統一為水100g、精製白糖60g、洋菜粉6g（整體量的2%）。加熱條件則統一以500W微波爐加熱2分鐘。140g鮮乳和鮮奶油會先微波1分鐘後再加入。使用的是伊那洋菜粉L。

A 水100g＋鮮奶油（乳脂含量36%）140g

B 水100g＋鮮奶油（乳脂含量45%）140g

C 水100g＋鮮乳140g

A、**B**、**C** 全都能扎實凝固，邊角也非常明顯。**A** 的口感很像麻糬，稍微帶點黏性。**B** 質地稍硬，更有嚼勁和黏性，取出時有點缺角。**C** 則是能感受到很棒的化口感。

A、**B** 相比的話，乳脂含量較高的成品凝固後相對扎實，邊角會很明顯。另外，**A**、**B**、**C** 的不同之處還包含了鮮乳及鮮奶油的水分含量差異，這也是會對果凍成品硬度帶來影響的因子。

洋菜粉之於各種液體而言，單純用水煮融化後反而更能充分發揮效果，所以，如果想讓成品風味變得濃郁，只使用鮮奶油的話，洋菜粉的凝固效果可能會不如預期。想用洋菜粉製作牛奶布丁時，務必多加留意搭配用量。另外，用洋菜粉製作布丁時，還要考量雞蛋的凝固力及加熱溫度，要思考的環節也會更加複雜。

A 鮮奶油（乳脂含量36%）

B 鮮奶油（乳脂含量45%）

C 鮮乳

酒類是否會影響洋菜粉？

酒類用量愈多，果凍會愈硬

根據驗證⑥「酒類是否會影響吉利丁？」（P.40），可以得知添加酒類會使凝固力變差。這裡也以洋菜粉進行驗證，看看是否會受酒精影響。

作法統一使用微粒子精製白糖60g、洋菜粉6g（整體量的2%），分別搭配20g、40g、60g的紅酒。水量會以2%吉利丁添加率為基準，分別調整成220g、200g、180g。統一使用500W微波爐加熱，時間則會依總量作下述調整。紅酒則是等到微波完最後加入。使用的是伊那洋菜粉L。

A 水220g、紅酒20g。
微波3分30秒。

B 水200g、紅酒40g。
微波3分20秒。

C 水180g、紅酒60g。
微波3分10秒。

隨著 **A**、**B**、**C** 酒精用量的增加，果凍會跟著變硬，邊角也變得很明顯。完全感受不到洋菜粉特有的水感和黏稠口感。推測應該是紅酒量增加，用來溶解洋菜粉的水量減少，使得洋菜粉濃度變高，質地也跟著變硬。

由此可知，如果要添加紅酒，又想保有洋菜粉的口感時，就必須納入紅酒用量的影響，減少洋菜粉添加量。

接著，透過吉利丁的驗證⑦「為什麼紅茶凍或紅酒凍會變混濁？」（P.42）可以發現，用吉利丁製作的紅酒凍會變混濁，但是洋菜粉的紅酒凍透明度卻很高。這也意味著洋菜粉不會受到多酚的影響。

另外，我也針對酒精濃度差異進行驗證。

作法是統一使用水200g、微粒子精製白糖60g、洋菜粉6g（整體量的2%）、蘭姆酒40g，這裡準備了43度、54度不同酒精濃度的蘭姆酒，並統一微波加熱3分20秒。使用的是伊那洋菜粉L。等到加熱完，最後再加入蘭姆酒。

D 蘭姆酒（酒精濃度43度）
E 蘭姆酒（酒精濃度54度）

這時發現 **E** 會比 **D** 稍硬，邊角也更明顯。書中雖然沒有放入照片，但我還比較了不同酒精度數的伏特加（40度、50度），以結果來說，只要酒精度數愈高，成品都會稍顯扎實有彈性。所以可以得到酒精度數也會對硬度造成影響的結論。

A 水220g＋紅酒20g　　**B** 水200g＋紅酒40g　　**C** 水180g＋紅酒60g

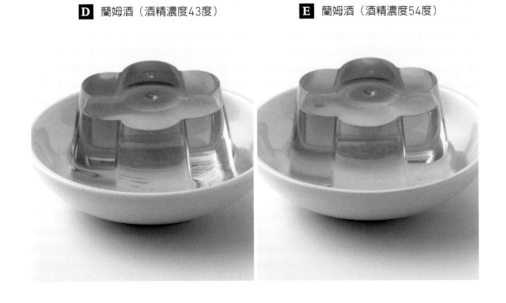

D 蘭姆酒（酒精濃度43度）　　**E** 蘭姆酒（酒精濃度54度）

用洋菜粉凝固乳酸菌飲料的話？

果凍分離，使得口感不佳

一般都認為洋菜粉不耐乳酸菌。於是，這裡嘗試用洋菜粉凝固乳酸菌飲料，並以洋菜粉和吉利丁的結果作比較。優格雖然也含有乳酸菌，但考量固形物含量較高，因此改用乳酸菌飲料進行驗證。

作法統一使用水200g、乳酸菌飲料40g、微粒子精製白糖60g，分別搭配洋菜粉6g（整體量的2%）及吉利丁片7.2g（3%）。以500W微波爐加熱，時間則是依液體量作下述調整。使用的是愛唯Ewald銀級吉利丁片和伊那洋菜粉L。

A 乳酸菌飲料40g、洋菜粉6g。微波加熱3分20秒，
添加乳酸菌飲料（乳酸菌飲料未加熱）。

B 乳酸菌飲料40g、洋菜粉6g。水＋乳酸菌飲料先混合。
微波加熱3分30秒（乳酸菌飲料加熱過）。

C 乳酸菌飲料40g、吉利丁片7.2g。微波加熱2分20秒，
添加乳酸菌飲料（乳酸菌飲料未加熱）。

A、**B** 在果凍液狀態時就有差異，不過只有 **B** 加熱後出現上下分離的情況。凝固後會發現 **A** 整體帶有斑駁紋樣，**B** 的紋樣感覺較少。三者都嚐不出洋菜粉特殊的黏稠口感，**C** 既沒有斑駁紋樣，也沒有結塊。

從上述結果可以得知，乳酸菌不會影響吉利丁，卻會影響洋菜粉。

這裡雖然是使用乳酸菌飲料驗證，但優格同樣含有乳酸菌，也會產生相同作用。所以製作優格口味的果凍時，我會建議使用吉利丁，不要使用洋菜粉。

A 洋菜粉6g。乳酸菌飲料未加熱

B 洋菜粉6g。乳酸菌飲料加熱過

C 吉利丁片7.2g。乳酸菌飲料未加熱

Vérification No.8

用來凝固柳橙汁的話？

柳橙汁加水稀釋的成功機率較高

洋菜粉的外包裝經常會介紹將柳橙汁加水稀釋的果凍食譜。雖然說稀釋柳橙汁製作果凍比較不容易失敗，但如果只用柳橙汁的話結果會是怎樣呢？這裡比較了只用柳橙汁和柳橙汁加水稀釋的果凍成品。

作法統一使用微粒子精製白糖60g、洋菜粉6g（整體量的2％），分別搭配只用柳橙汁（240g）和柳橙汁加水稀釋（柳橙汁140g＋水100g）兩種比例。加熱統一使用500W微波爐，加熱時間依總量作下述調整。使用的是伊那洋菜粉L。驗證中還比較了無果肉（ **A** 、 **B** ）及含果肉的柳橙汁（ **C** 、 **D** ）。

A 洋菜粉＋精製白糖→加入柳橙汁240g（無果肉）→微波3分30秒。

B 洋菜粉＋精製白糖→加入水100g→微波2分鐘→柳橙汁140g（無果肉）微波2分鐘後加入。

C 洋菜粉＋精製白糖→加入柳橙汁240g（含果肉）→微波3分20秒。

D 洋菜粉＋精製白糖→加入水100g→微波2分鐘→柳橙汁140g（含果肉）微波2分鐘後加入。

A 、 **B** 、 **C** 、 **D** 全都嚐不到洋菜粉特有的黏稠口感。 **A** 的滑順度輸給 **B** ，還看得見斑駁紋樣（分離）。 **C** 的化口度則輸給 **D** ，甚至出現離水情況。

前面就有提到（P.96），洋菜粉之於各種液體而言，單純用水煮化後反而更能充分發揮效果，本驗證除了與上述結果一致外，更反映出驗證③「改變檸檬汁（酸）添加量的話？」（P.92）得到的兩個特性，也就是「酸性材料添加量愈多，洋菜粉黏性會變愈弱」、「酸性材料和洋菜粉一起煮滾後，洋菜粉會無法凝固」。

洋菜粉和酸性材料一起長時間煮滾的話就很容易失敗，所以製作柳橙果凍時，洋菜粉業者多半會建議使用稀釋過的柳橙汁，避免使用純柳橙汁。

至於 **B** 和 **D** 的分離及離水情況為什麼比較不明顯，猜測糖度差異可能是其中一個影響因素。柳橙汁本身也含糖，再加上使用的精製白糖量一樣，那麼柳橙汁用量較多的 **A** 和 **C** 糖分就會比較高，即代表保水力也會較強。

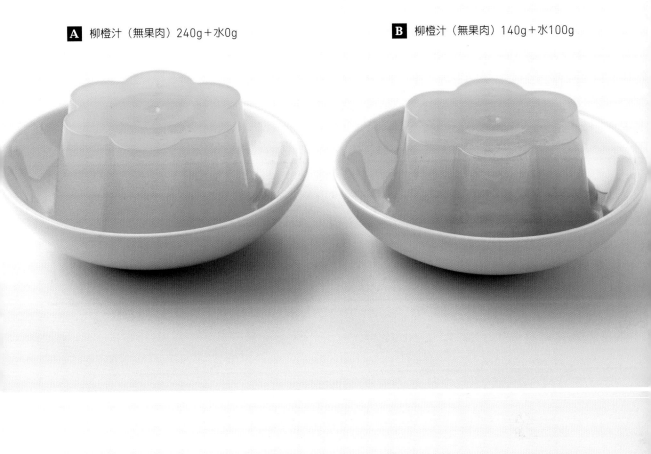

A 柳橙汁（無果肉）240g＋水0g

B 柳橙汁（無果肉）140g＋水100g

C 柳橙汁（含果肉）240g＋水0g

D 柳橙汁（含果肉）140g＋水100g

改變砂糖種類的話？

成品硬度不同，
甜味呈現也會改變

前面透過驗證①「改變砂糖量的話？」（P.90），得知砂糖添加量會影響硬度。

那麼，砂糖的種類又會對洋菜粉的凝固力帶來怎樣的影響呢？這裡用了微粒子精製白糖、上白糖、Cassonade蔗糖及黑糖進行驗證。

材料統一為水240g、砂糖60g、洋菜粉6g（整體量的2%），加熱條件皆是以500W微波爐加熱3分30秒。砂糖種類如下。另外，使用的是伊那洋菜粉L。

A 微粒子精製白糖

B 上白糖

C Cassonade蔗糖

D 黑糖

就結果來說，製作甜點常用的 **A** 精製白糖和 **B** 上白糖的成品硬度沒什麼差異，但 **A** 精製白糖的透明度較高。**C** 的Cassonade蔗糖會比 **A**、**B** 稍硬，**D** 黑糖則讓人覺得更硬。

甜味呈現部分也不太一樣。**A** 精製白糖的甜味會慢慢散開來，**B** 的甜味則是非常鮮明。**C** 的Cassonade蔗糖及 **D** 的黑糖分別具備本身特有的風味及甜味。根據驗證②「改變洋菜粉量的話？」（P.91）的結果，精製白糖和上白糖在甜味呈現上之所以會出現差異，或許不是因為化口度的影響，而是砂糖種類帶來的落差。再者，硬度差異也會影響化口度，所以砂糖種類不同，對於甜味如何在口中擴散開來同樣會有影響。

洋菜粉具備的離水性讓 **C** 的Cassonade蔗糖比其他砂糖更容易離水，**D** 黑糖則是幾乎沒有離水。

根據上述結果可以得知，洋菜粉其實和吉利丁一樣，不同的砂糖種類會影響成品硬度和甜味呈現，所以製作時務必納入考量，挑選合適的砂糖。

A 微粒子精製白糖

B 上白糖

C Cassonade蔗糖

D 黑糖

不同廠牌的洋菜粉會有差異嗎？

產品不同會帶來明顯差異

市面上有非常多洋菜粉產品，有些洋菜粉是從海藻萃取鹿角菜膠作為原料，有些則是取用豆科種子內含的刺槐豆膠，還有以果膠粉、蒟蒻為原料的產品，不同的業者會使用不同的原料及配方。這裡則是以三種不同的洋菜粉進行驗證比較。

作法統一使用水240g、砂糖60g，分別搭配洋菜粉業者建議的最大及最小用量。加熱條件則統一以500W微波爐加熱3分30秒。使用的三種洋菜粉如下。

① 伊那洋菜粉L（伊那食品工業）。
　業者建議添加率為1.5～2%

② 新田果凍粉（新田）。
　業者建議添加率為1.3～1.6%

③ ①、②以外的洋菜粉。
　業者建議添加率為1.5～3%

以業者建議的最小添加量進行三種洋菜粉的比較。

A ①伊那洋菜粉L4.5g（最小1.5%）

B ②新田果凍粉3.9g（最小1.3%）

C ③①②以外的洋菜粉4.5g（最小1.5%）

A 感覺很水嫩。**B** 比 **A** 更軟，卻又帶點Q彈，相當滑順好入喉。**C** 則是最軟爛，會立刻滑過喉嚨。

我又以業者建議的最大添加量進行三種洋菜粉的比較。

D ①伊那洋菜粉L6g（最大2%）

E ②新田果凍粉4.8g（最大1.6%）

F ③①②以外的洋菜粉4.8g（最大3%）

D 稍硬，有點像寒天，湯匙插入時帶點脆硬感。**E** 最軟嫩，湯匙插入時感覺有點黏稠。**F** 的硬度介於 **D**、**E** 之間，稍微偏軟。

D、**E** 出現離水情況，**F** 則是幾乎沒有離水。

比較了最大值與最小值各自的成品後會發現，就硬度和口感而言其實沒有很大的差異。不過，既然業者的建議添加量有多有寡，就表示能透過調整洋菜粉用量，得到自己想要的口感。另外，有些洋菜粉是用來製作果凍，有些是用來製作慕斯，有些則是能夠冷凍……用途種類各有不同。所以決定使用哪款洋菜粉可說非常重要。考量用途的同時，也請各位試著找到自己對於成品口感滿意的洋菜粉品牌。

A ①伊那洋菜粉L 4.5g
（最小1.5%）

B ②新田果凍粉3.9g
（最小1.3%）

C ③①②以外的洋菜粉4.5g
（最小1.5%）

D ①伊那洋菜粉L 6g
（最大2%）

E ②新田果凍粉4.8g
（最大1.6%）

F ③①、②以外的洋菜粉9g
（最大3%）

咖啡凍

Gelée de café

這是一道為大人打造的咖啡凍。咖啡凍上方的鮮奶油經過浸泡後，同樣滿是咖啡香氣。改用洋菜粉製作的話，口感會比以往咖啡凍給人的印象更柔軟。

上層：咖啡風味鮮奶油
下層：咖啡凍

材料

口徑78mm×高80mm、容量90ml的器皿5個分

◆ **咖啡凍**

咖啡粉（磨好備用）	30g
熱水	310g
微粒子精製白糖	35g
洋菜粉（Pearl Agar-8）	5g

◆ **咖啡風味鮮奶油**
　（容易製作的分量）

鮮奶油（乳脂含量36%）	75g
咖啡豆（敲打成粗顆粒備用）	7.5g
微粒子精製白糖	15g

準備作業

【咖啡凍】

● 洋菜粉和精製白糖混合備用（**a**）

> **point** 洋菜粉直接加入咖啡裡容易結塊，所以務必先與精製白糖等其他材料混合（參照P.88）。

【咖啡風味鮮奶油】

● 咖啡豆放入裝食物用的塑膠袋，用擀麵棍敲成粗顆粒（**b**），浸泡鮮奶油4～5小時（**c** → **d**），讓咖啡香滲入

> **point** 注意咖啡豆不可敲太碎，或是浸泡鮮奶油的時間過長，否則咖啡會吸收鮮奶油的汁液。

作法

【製作咖啡凍】
※咖啡浸泡鮮奶油1小時後再開始作業。

1　將少量熱水倒入咖啡粉，稍微悶個1
　分鐘。接著倒入剩餘熱水（**e**），萃
　取咖啡，取240g的咖啡液倒入鍋
　中。

2　攪拌**1**的咖啡液，邊加入已經預拌好
　的洋菜粉和精製白糖（**f**）。

　point　洋菜粉很容易結塊，務必邊拌邊
　加。

3　用中火將鍋中白糖煮融化（**g**），稍
　微讓湯汁滾沸（80℃以上）。

　point　要煮沸到看不見白糖，加熱到鍋
　子邊緣開始微微冒泡（**h**）。

4　等量倒入玻璃杯（**i**），等到不燙手
　後，放入冰箱冷藏2.5～3小時冰鎮凝
　固。

　point　洋菜粉常溫下就能凝固，等到放
　涼變硬才開始分裝的話會很難作業，所以
　要先倒入器皿或容器後再放涼。置於常
　溫，不燙手後就能放入冰箱冷藏。

【製作鮮奶油】
※等待咖啡凍冰鎮凝固期間製作。

5　用濾茶網過濾浸泡咖啡豆的鮮奶油，
　或是用細網目的濾網篩過，加入精製
　白糖，攪拌使其融化。

6　品嚐前，慢慢地澆淋12g鮮奶油在**4**
　的咖啡凍上。

※咖啡凍、鮮奶油可以分開冷藏存放3天，品嚐前
再澆淋鮮奶油即可。

上層：百香果香蕉慕斯
下層：檸檬凍

百香果香蕉慕斯

Mousse aux fruits de la passion et à la banane

這裡將充滿百香果酸味的慕斯和濃郁香蕉加以結合。
只用水果果泥和鮮奶油製成的單純慕斯，搭配上極具
酸味的軟嫩檸檬凍，讓口中充滿清爽餘韻。鮮奶油沒
有過度打發，所以慕斯的口感相當滑順。特別推薦給
喜歡吃酸的讀者！

材料

直徑55mm×高70mm、
容量120ml的器皿6個分

◆ 百香果香蕉慕斯

百香果果泥（冷凍、含糖）	25g
香蕉果泥（冷凍、無糖）	45g
芒果果泥（冷凍、含糖）	10g
檸檬汁	1g
吉利丁片（愛唯）	2g
鮮奶油（乳脂含量36%）	195g
微粒子精製白糖	45g

◆ 檸檬凍

（17×23cm保鮮盒1個分）

水	160g
精製白糖	60g
洋菜粉（Pearl Agar-8）	10g
檸檬汁	95g

準備作業

【百香果香蕉慕斯】

● 果泥解凍備用

● 吉利丁片浸冰水泡軟備用（參照
P.28）

【檸檬凍】

● 洋菜粉和精製白糖混合備用（參照
P.88）

> **point** 直接加入洋菜粉的話容易結塊，必
> 須先與精製白糖等其他材料混合。

作法

【製作百香果香蕉慕斯】

1 將鮮奶油、精製白糖倒入料理盆，盆
  底浸泡冰水，用手持式打蛋器打發
  （參照P.136）。將鮮奶油稍微打
  發，打快要能夠立起尖角（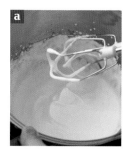）。

2 檸檬汁倒入果泥混合。

3 吉利丁片放入料理盆，隔水加熱融化，倒入⅘的 **2**，用打蛋器攪拌均勻。

4 把 **3** 倒回持續隔水加熱，剩餘的 **2** 之中，並用打蛋器快速攪拌。

5 用打蛋器將 **1** 的鮮奶油打至均勻，加入 **4**，立起刮刀，從中心以畫漩渦的方式繞圈攪拌。

> `point` 水果的酸容易使鮮奶油變硬，所以攪拌要迅速。

6 把慕斯填入裝有直徑12mm圓形花嘴的擠花袋（參照P.136），等量擠入容器。手心抵著容器底部，輕輕敲個幾下，讓慕斯表面變平坦。放入冰箱冷藏2.5～3小時冰鎮凝固。

【製作檸檬凍】
※等待百香果香蕉慕斯冰鎮凝固期間製作。

7 將水倒入鍋子，邊攪拌水，邊加入預拌好的洋菜粉和精製白糖（**b**）。

> `point` 洋菜粉很容易結塊，務必邊攪拌邊加。

8 用中火將鍋中白糖煮融化，稍微讓湯汁滾沸。

> `point` 要煮沸到看不見白糖，加熱到鍋子邊緣開始微微冒泡。

9 關火，邊攪拌邊加入檸檬汁（**c**）。

10 倒入保鮮盒（**d**），等到不燙手後，放入冰箱冷藏2.5～3小時冰鎮凝固。

> `point` 洋菜粉常溫下就能凝固，等到放涼變硬才開始分裝的話會很難作業，所以要先倒入器皿或容器後再放涼。置於常溫，不燙手後就能放入冰箱冷藏。

【組裝】
※檸檬凍冰涼變硬後再作業。

11 品嚐前，將步驟 **10** 的檸檬凍切成1～1.5cm塊狀，等量擺入步驟 **6** 的器皿。

> `point` 檸檬凍容易解體散開，建議使用矽膠湯匙作業。

> `point` 用洋菜粉凝固的果凍容易離水，等到品嚐前再切塊擺放即可。

※百香果香蕉慕斯、檸檬凍可冷藏存放至隔天。

水果凍

Gelée de fruits

利用洋菜粉將水果全部集結在一起，享受那軟嫩充滿水感的滋味，能品嚐到洋菜粉才有的順喉感。水果果汁與果凍液結合後相當美味。建議搭配多種不同的水果。雖然水果含有蛋白質分解酵素，但使用洋菜粉製作，就算未經過加熱也能凝固（驗證④「加入新鮮鳳梨凝固成果凍的話？」〈P.94〉），也不會受到酸性材料的影響（驗證③「改變檸檬汁（酸）添加量的話？」〈P.92〉）。無論是搭配哪種水果都能順利凝固。

材料

口徑58mm×高10.5mm、
容量370ml的容器4個分

水 ……………………………………250g
伊那洋菜粉L ………………………5g
微粒子精製白糖 …………………50g
白酒 …………………………………10g
水果 …………………………總量180g

（照片中包含了鳳梨及柳橙各50g、草莓及奇異果各30g、藍莓10g）。

準備作業

● 洋菜粉和精製白糖混合備用
（參照P.88）

point 洋菜粉直接加入水裡很容易結塊，所以務必先與精製白糖混合。

● 水果切成適口大小（**a**）

作法

1 將水倒入鍋子，邊攪拌水，邊加入預拌好的洋菜粉和精製白糖（**b**）。加入白酒拌勻。

　　point 洋菜粉很容易結塊，務必邊拌邊加。

2 用中火將鍋中白糖煮融化，並讓汁液沸騰。

　　point 要煮沸到看不見白糖，加熱到鍋子邊緣開始微微冒泡（**c**）。

3 移至碗中，加入水果（**d**），等到不燙手後，放入冰箱冷藏2.5～3小時冰鎮凝固。

　　point 洋菜粉常溫下就能凝固，等到放涼變硬才開始分裝的話會很難作業，也無法跟水果結合，所以要先移至碗中，加入水果再放涼。置於常溫，不燙手後就能放入冰箱冷藏。

4 品嚐前再等量盛入玻璃杯中。

※可冷藏存放至隔天。

上層：紅茶凍
中層：李子醬
下層：香草乳酪慕斯

紅茶凍 &
香草乳酪慕斯
佐李子醬

Gelée de thé et mousse au fromage blanc
à la vanille et au coulis de prune

只要有看到大石李子，我每年一定都會做這道玻璃杯甜點（Verrine）。水嫩美味的紅茶凍，結合了酸味鮮明的大石李子醬，以及充滿香草香氣的乳酪慕斯。使用洋菜粉製作，可以不用擔心紅茶變混濁（驗證⑥「酒類是否會影響洋菜粉？」〈P.98〉）。用洋菜粉製作的果凍容易出水，建議品嚐前再放上。

材料

直徑55mm×高70mm、容量120ml的器皿6個分

◆ 香草乳酪慕斯

蛋黃	40g
微粒子精製白糖	25g
┌ 鮮乳	50g
│ 鮮奶油（乳脂含量36%）	15g
└ 香草莢	3cm
吉利丁片（愛唯）	3g
奶油乳酪	55g
鮮奶油（乳脂含量36%）	150g

◆ 李子醬（容易製作的分量）

大石李子（去皮、無籽）	200g
微粒子精製白糖	40g

◆ 紅茶凍（容易製作的分量、
17×23cm 保鮮盒1個分）

紅茶茶葉（白桃紅茶）	15g
水	600g
微粒子精製白糖	100g
洋菜粉（Pearl Agar-8）	20g

紅茶凍＆香草乳酪慕斯佐李子醬

【香草乳酪慕斯】

● 奶油乳酪回溫變軟備用（參照P.16）

● 切開香草莢，刮出香草籽（a），連同香草莢一起浸泡在鮮乳和鮮奶油4小時，讓香味滲入（b）

● 吉利丁片浸冰水泡軟備用（參照P.28）

【李子醬】

● 李子清洗乾淨，連皮切成20mm塊狀，放入鍋子，加入精製白糖覆蓋（c），靜置至少2小時（d）

> **point** 連皮才能做出漂亮的紅色果醬，所以不要去皮。

【紅茶凍】

● 洋菜粉和精製白糖混合備用（參照P.88）

> **point** 洋菜粉直接加入水裡很容易結塊，所以務必先與精製白糖混合。

作法

【製作香草乳酪慕斯】

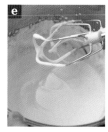

1 將150g鮮奶油倒入料理盆，盆底浸泡冰水，用手持式打蛋器打發（參照P.136）。將鮮奶油稍微打發，打快要能夠立起尖角（e）。

2 將蛋黃、⅓浸泡過香草莢的鮮乳及鮮奶油放入另一個料理盆，加入精製白糖，用打蛋器攪拌。

3 把浸泡過香草莢的剩餘鮮乳及鮮奶油微波加熱30秒，倒入**2**，用打蛋器混合。

> **point** 加熱到鮮乳等材料開始冒熱氣。

4 移至鍋子，以小火煮至83℃，過程中要不斷用橡膠刮刀攪拌。

> **point** 煮到冒熱氣，開始變濃稠。

5 關火，加入吸乾水分的吉利丁片，用橡膠刮刀攪拌，讓吉利丁融化。

6 過濾後，拿起香草莢，接著分3～4次加入放軟的奶油乳酪，每次都要用打蛋器充分攪拌至滑順狀（也可以一口氣全加，再用手持式料理棒攪拌）。

7 用打蛋器將**1**的鮮奶油打至均勻，加入**6**，立起刮刀，從中心以畫漩渦的方式繞圈攪拌。

8 把慕斯填入裝有直徑12mm圓形花嘴的擠花袋（參照P.136），等量擠入容器。手心抵著容器底部，輕輕敲個幾下，讓慕斯表面變平坦。放入冰箱冷藏2.5～3小時冰鎮凝固。

【製作李子醬】

※等待香草乳酪慕斯冰鎮凝固期間製作。

9 將撒滿白糖的李子邊輾壓（）邊以小火烹煮10分鐘，煮到變濃稠。等到不燙手後，就能放進冰箱冷藏備用。

> **point** 要把外皮和果肉全部壓碎，煮到完全看不出李子形狀變成膏狀（）。

> **point** 要煮到用刮刀刮鍋底時會留下痕跡（）。

【製作紅茶凍】

※等香草乳酪慕斯冰鎮凝固，李子醬冰過變涼後再製作。

10 水倒入鍋子煮沸，加入紅茶茶葉，蓋上鍋蓋悶3分鐘（）。

> **point** 想要煮出漂亮顏色的話就要多放點茶葉，且不能將紅茶煮滾。

11 用濾茶網過濾後，倒回鍋內。

> **point** 過濾時不要按壓茶葉，這樣不僅會使味道變澀，也會影響成色。

12 邊攪拌紅茶，邊加入預拌好的精製白糖和洋菜粉（）。

> **point** 洋菜粉很容易結塊，務必邊拌邊加。

13 邊用濾茶網過濾，邊倒入容器，液面高度約10mm（），等到不燙手後，放入冰箱冷藏2.5～3小時冰鎮凝固。

> **point** 洋菜粉常溫下就能凝固，等到放涼變硬才開始分裝的話會很難作業，所以要先倒入器皿或容器後再放涼。置於常溫，不燙手後就能放入冰箱冷藏。

【組裝】

14 將**13**的紅茶凍切成10mm塊狀。

> **point** 用洋菜粉凝固的果凍容易離水，等到品嚐前再切塊擺放即可。

15 將**9**的李子醬倒入**8**的香草乳酪慕斯，接著擺上**13**的紅茶凍。

> **point** 紅茶凍容易解體散開，建議使用矽膠湯匙作業。

※香草乳酪慕斯、紅茶凍可以分開冷藏存放至隔天。李子醬可冷藏存放5天。品嚐前再裝杯即可。

黑醋栗・薄荷

Verrine au cassis et à la menthe

撈起一口用極少量洋菜粉凝固製成的水嫩薄荷凍，薄荷凍會像醬汁一樣地流入杯中，所以希望各位在品嚐這道甜點時，能把湯匙插至杯底再撈起。隨著食用的部分不同，還能享受到多種滋味組合。品嚐前再放入薄荷凍。薄荷的種類也會影響味道，務必選用新鮮的綠薄荷。

由下往上
第1層：黑醋栗庫利
第2層：黑醋栗慕斯
第3層：酸奶油乳酪慕斯
第4層：薄荷凍

材料

口徑65mm×高70mm、容量170ml的容器6個分

◆ **黑醋栗庫利**

黑醋栗果泥（冷凍、含糖）	30g
水	60g
微粒子精製白糖	18g
洋菜粉（Pearl Agar-8）	2.5g
黑醋栗利口酒	6g

◆ **黑醋栗慕斯**

黑醋栗果泥（冷凍、含糖）	60g
鮮奶油（乳脂含量36%）	50g
吉利丁片（愛唯）	2.5g
⌈ 鮮奶油（乳脂含量36%）	100g
⌊ 微粒子精製白糖	20g

◆ **酸奶油乳酪慕斯**

蛋黃	20g
微粒子精製白糖	15g
⌈ 鮮乳	20g
│ 鮮奶油（乳脂含量36%）	20g
⌊ 香草莢	6cm
奶油乳酪	30g
酸奶油	25g
吉利丁片（愛唯）	2g
鮮奶油（乳脂含量36%）	100g

◆ **薄荷凍**（容易製作的分量、
　　19×26cm保鮮盒1個分）

水	260g
綠薄荷（新鮮）	7.4g
薄荷利口酒	8g
微粒子精製白糖	55g
洋菜粉（Pearl Agar-8）	8g

【黑醋栗庫利】

● 黑醋栗解凍備用

● 洋菜粉和精製白糖混合備用（參照 P.88）

> **point** 洋菜粉直接加入水裡很容易結塊，所以務必先與精製白糖混合。

【黑醋栗慕斯】

● 黑醋栗解凍備用

● 吉利丁片浸冰水泡軟備用（參照 P.28）

【酸奶油乳酪慕斯】

● 奶油乳酪回溫變軟備用（參照 P.16）

● 切開香草莢，刮出香草籽（**a**），連同香草莢一起浸泡在鮮乳和鮮奶油4小時，讓香味滲入（**b**）

● 吉利丁片浸冰水泡軟備用（參照 P.28）

【薄荷凍】

● 精製白糖和洋菜粉混合備用

作法

【黑醋栗庫利】

1 將黑醋栗果泥、水倒入鍋子混合。

2 邊攪拌，邊加入預拌好的精製白糖和洋菜粉。

> **point** 洋菜粉很容易結塊，務必邊拌邊加。

3 用中火煮滾，讓白糖融化。

> **point** 要煮沸到看不見白糖，加熱到鍋子邊緣開始微微冒泡（**c**）。

4 關火，邊攪拌邊加入黑醋栗利口酒。

> **point** 繼續加熱會使酒精揮發，所以要關火。

5 等量倒入容器，放涼不燙手後，再放入冰箱冷藏2.5～3小時使其凝固。

> **point** 洋菜粉常溫下就能凝固，等到放涼變硬才開始分裝的話會很難作業，所以要先倒入器皿或容器後再放涼。置於常溫，不燙手後就能放入冰箱冷藏。

作法

【黑醋栗慕斯】
※黑醋栗庫利冰鎮凝固後再開始製作。

6 將100g鮮奶油、精製白糖倒入料理盆,盆底浸泡冰水,用手持式打蛋器打發(參照P.136)。將鮮奶油稍微打發,打快要能夠立起尖角(**d**)。

7 將黑醋栗果泥放入耐熱碗,微波加熱50秒,接著加入50g鮮奶油(**e**),拌勻。

8 拌勻後,再微波加熱50秒。接著加入吸乾水分的吉利丁片,用橡膠刮刀攪拌,讓吉利丁融化。

> **point** 加熱到鍋子邊緣開始微微冒泡。

9 不斷攪拌,讓溫度降至45℃(**f**)。

> **point** 過熱會使鮮奶油融化,所以要降溫至45℃。不過,溫度太低也會使鮮奶油在混合瞬間因為黑醋栗的酸而變硬,無法變得滑順。

10 用打蛋器將步驟**6**的鮮奶油打至均勻,加入**9**(**g**),立起刮刀,從中心以畫漩渦的方式繞圈攪拌(**h**)。

11 把慕斯填入裝有直徑12mm圓形花嘴的擠花袋(參照P.136),等量擠入步驟**5**的容器。手心抵著容器底部,輕輕敲個幾下,讓慕斯表面變平坦。放入冰箱冷藏2.5～3小時冰鎮凝固。

【酸奶油乳酪慕斯】
※等黑醋栗慕斯冰鎮凝固後再開始製作。

12 將鮮奶油倒入料理盆,盆底浸泡冰水,用手持式打蛋器打發(參照P.136)。將鮮奶油稍微打發,打快要能夠立起尖角(**i**)。

13 將蛋黃、⅓浸泡過香草莢的鮮乳及鮮奶油放入另一個料理盆,加入精製白糖,用打蛋器攪拌。

> **point** 直接把精製白糖加入蛋黃的話容易結塊,建議先加入少量液體,減少蛋黃結塊的情況。

14 把浸泡過香草莢的剩餘鮮乳及鮮奶油微波加熱30秒,接著倒入**13**中,用打蛋器混合。

> **point** 加熱到鮮乳開始冒熱氣。

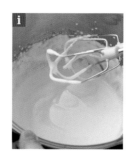

15 移至鍋子，以小火煮至83℃，過程中要不斷用橡膠刮刀攪拌。

> point 煮到冒熱氣，開始變濃稠。

16 關火，加入吸乾水分的吉利丁片，用橡膠刮刀攪拌，讓吉利丁融化。

17 過濾後，拿起香草莢，把放軟的奶油乳酪和酸奶油全部加入，用手持式料理棒攪拌（**j**）直到不燙手。

> point 建議各位用手持式料理棒攪拌，乳酪才不會結塊。

18 用打蛋器將步驟 **12** 的鮮奶油打至均勻，加入 **17**，立起刮刀，從中心以畫漩渦的方式繞圈攪拌。

19 把慕斯填入裝有直徑12mm圓形花嘴的擠花袋（參照P.136），等量擠入容器。手心抵著容器底部，輕輕敲個幾下，讓慕斯表面變平坦。放入冰箱冷藏2.5～3小時冰鎮凝固。

【薄荷凍】

※等待酸奶油乳酪慕斯冰鎮凝固期間製作。

20 取0.4g綠薄荷，切成非常細的細末狀。

> point 薄荷容易變色，使用前再切即可。

21 水倒入鍋子煮沸，加入7g綠薄荷。蓋上鍋蓋（**k**），悶15分鐘。

22 過濾，再添加水，讓水量達250g。

23 攪拌鍋子的同時，加入預拌好的精製白糖和洋菜粉，繼續將其煮滾。

24 將薄荷利口酒、薄荷細末倒入保鮮盒，接著邊用濾茶網過濾 **23**，邊倒入盒中（**l**）。等到不燙手後，放入冰箱冷藏2.5～3小時冰鎮凝固。

【組裝】

※薄荷凍冰鎮凝固後再開始作業。

25 品嚐前，將 **24** 的薄荷凍等量放入步驟 **19** 的容器中。

> point 用洋菜粉凝固的果凍容易離水，等到品嚐前再切塊擺放即可。

> point 薄荷凍要搗碎後再放入，這樣整體表現會更協調，也更方便品嚐。

※還沒放上薄荷凍之前可以冷藏存放至隔天。薄荷凍一樣能放至隔天。

由下而上
第1層：黑糖凍
第2層：抹茶義式奶凍
第3層：黑糖蜜
裝飾：牛奶冰淇淋、可可粒瓦片

抹茶義式奶凍 &
黑糖凍聖代

Panna cotta au matcha et gelée
de sucre noir japonais

用最少量的吉利丁，凝固抹茶風味濃郁的義式奶凍，
與黑糖凍的滑順口感擁有絕佳的搭配性。牛奶冰淇淋
和黑糖、抹茶也十分相搭，餘韻清爽。無論是做成聖
代造型，用可可粒瓦片作為點綴，還是享用單品都非
常美味，請各位務必製作看看。

材料

口徑78mm×高80mm、
容量90ml的玻璃杯8個分

◆ 抹茶義式奶凍（容易製作的分量）

抹茶粉（無糖）	10g
鮮乳	200g
微粒子精製白糖	50g
鮮奶油（乳脂含量36%）	220g
吉利丁片（愛唯）	5g

◆ 黑糖蜜（容易製作的分量）

水	25g
黑糖	50g
水飴	5g

◆ 黑糖凍（容易製作的分量、
17×23cm保鮮盒1個分）

水	240g
黑糖	60g
伊那洋菜粉L	4.5g

◆ 牛奶冰淇淋（容易製作的分量）

鮮乳	250g
吉利丁片（愛唯）	3.5g
鮮奶油（乳脂含量36%）	250g
微粒子精製白糖	100g

◆ 可可粒瓦片（容易製作的分量）

鮮奶油（乳脂含量36%）	15g
無鹽奶油	25g
水飴	15g
微粒子精製白糖	45g
可可豆碎粒	50g

準備作業

【抹茶義式奶凍】

● 板吉利丁片浸冰水泡軟備用
（參照P.28）

【黑糖凍】

● 黑糖和洋菜粉混合備用（參照
P.88）

point 直接加入洋菜粉的話容易
結塊，必須先與黑糖混合。

【牛奶冰淇淋】

● 吉利丁片浸冰水泡軟備用（參
照P.28）

作法

【製作黑糖蜜】

1 水飴放入碗，加入黑糖，微波加熱1分鐘。

2 用濾茶網過濾黑糖液，並將黑糖刮乾淨（**a**）。等到不燙手後，放入冰箱冷藏冰鎮。

> **point** 放到隔天稠度（黏性）就會增加。

【製作抹茶義式奶凍】

※黑糖蜜完成後再開始製作。

3 用濾茶網將抹茶篩入料理盆（**b**）。

4 鮮乳倒入耐熱容器，加入精製白糖，微波1分鐘。

> **point** 加熱到鮮乳開始冒熱氣。

5 把吸乾水分的吉利丁片加入**4**。用橡膠刮刀攪拌，讓吉利丁融化。

6 將**5**分6次加入步驟**3**的抹茶裡，每次都要用茶筅（刷抹茶的器具）攪拌開來（**c**、**d**）。接著用濾茶網過濾（**e**）。

> **point** 剛開始先添加少量，攪拌成膏狀（**c**）。慢慢稀釋攪拌開來並搭配使用茶筅能減少結塊產生。

7 加入鮮奶油攪拌，盆底浸泡冰水，持續攪拌至濃稠，並使其降溫（**f**），放入冰箱冷藏冰鎮。

【製作黑糖凍】

8 水倒入鍋子，邊攪拌邊加入預拌好的黑糖和洋菜粉（**g**）。

> **point** 洋菜粉很容易結塊，務必邊拌邊加。

9 用中火將鍋中黑糖煮融化，並讓汁液沸騰。

> **point** 要煮沸到看不見黑糖（**h**）。

10 倒入保鮮盒（**i**），等到不燙手後，放入冰箱冷藏2.5～3小時冰鎮凝固。

> **point** 洋菜粉常溫下就能凝固，等到放涼變硬才開始分裝的話會很難作業，也無法跟水果結合，所以要先移至碗中，加入水果再放涼。置於常溫，不燙手後就能放入冰箱冷藏。

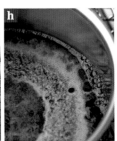

抹茶義式奶凍＆黑糖凍聖代

【製作牛奶冰淇淋】

※黑糖凍冰鎮凝固後再開始製作。

11 將鮮奶油、精製白糖倒入料理盆，盆底浸泡冰水，用手持式打蛋器打發（參照P.136）。將鮮奶油稍微打發，打快要能夠立起尖角。

12 取50g鮮乳微波30秒，加熱到冒熱氣。加入吸乾水分的吉利丁片（**j**），用橡膠刮刀攪拌，讓吉利丁融化。

13 把**12**加入200g剩餘的鮮乳並攪拌，盆底浸泡冰水，攪拌降溫直到變濃稠（**k**）。

14 將**13**加入**11**並攪拌，用冰淇淋機處理後，放入冰箱冷凍3小時。

【製作可可粒瓦片】

15 將鮮奶油、奶油，水飴、精製白糖全放入鍋子（**l**），加熱沸騰至整體不斷冒泡。

16 關火，加入可可豆碎粒（**m**），充份拌勻（**n**）。

17 倒至鋪有烘焙紙的矽膠烤墊上，抹開降溫（**o**）。

18 矽膠烤墊鋪放在烤盤，將**17**刮平成2mm厚（**p**）。

> **point** 降至可以觸摸的溫度後再進爐烘烤，無法刮到平整也沒關係。

19 以160℃烤箱烘烤8分鐘（**q**），剝成適當形狀，放涼。

> **point** 烤過厚度會變1mm左右。

【組裝】

20 取15g步驟**10**的黑糖凍放入玻璃杯，接著擺上60g步驟**7**的抹茶義式奶凍（**r**），再倒入5g步驟**2**的黑糖蜜。

> **point** 黑糖凍容易解體散開，建議使用矽膠湯匙作業。

21 放上步驟**14**的牛奶冰淇淋，再以適量的**19**可可粒瓦片作裝飾。

※抹茶義式奶凍、黑糖凍可分別冷藏存放至隔天。牛奶冰淇淋可冷凍存放1週。黑糖蜜則可常溫存放5天。

寒天

kanten

椰香杏仁豆腐

Gelée d'amande à la noix de coco

在寒天杏仁豆腐加入椰子泥，讓滋味充滿熱帶風情。鮮奶油和椰子泥加熱後的味道和口感會改變，所以要事後再加入。為各位獻上這道糖煮杏桃的酸味讓整體更加清爽的甜點。

材料

6人分

◆ 椰香杏仁豆腐
（17×23cm保鮮盒1個分）

水	100g
伊那寒天粉	2g
杏仁粉	10g
微粒子精製白糖	35g
鮮乳	150g
鮮奶油（乳脂含量36%）	50g
椰子泥（冷凍、含糖）	100g

◆ 糖煮杏桃（容易製作的分量）

杏桃（冷凍）	100g
微粒子精製白糖	40g
水	60g
杏露酒	5g

準備作業

【杏仁豆腐】

● 椰子泥解凍備用

● 杏仁粉、精製白糖、寒天粉混勻備用（ a ）

> **point** 寒天粉可以直接撒進水中，但建議先與砂糖預拌，作業上會更方便。

椰香杏仁豆腐

【製作杏仁豆腐】

1 鮮乳、鮮奶油放入耐熱容器，微波加熱1分鐘，接近體表溫度。

2 水倒入鍋子，加入預拌好的杏仁粉、精製白糖及寒天粉（**b**）。

3 邊攪拌，邊用中火煮到整個沸騰（**c**），接著關火。

> **point** 要用滾沸的液體將寒天煮融化。

4 加入步驟**1**的鮮乳及鮮奶油（**d**）拌勻。邊攪拌鍋子，邊加入椰子泥（**e**），繼續拌勻。

> **point** 椰子泥太過冰涼會使寒天凝固，務必多加留意。

5 倒入保鮮盒（**f**），等到不燙手後，放入冰箱冷藏2.5～3小時使其凝固。

> **point** 寒天常溫下就能凝固，等到放涼變硬才開始分裝的話會很難作業，所以要先倒入器皿或容器後再放涼。置於常溫，不燙手後就能放入冰箱冷藏。

關於驗證寒天時的條件

- 為了調查寒天的效果，驗證時使用了不具影響作用的水來當材料，水則是統一使用礦泉水。
- 材料與作法是以上述的「椰香杏仁豆腐」為基準，但會以電磁爐加熱。用瓦斯爐加熱較難維持固定的火候，容易使完成量出現差異。驗證吉利丁、洋菜粉雖然是以微波爐加熱，但考量寒天需要加熱至沸騰，所以改用電磁爐，以維持固定火候及加熱時間。

- 驗證基本上是使用伊那寒天粉，業者建議每1000g的標準使用量為8～10g。
- 電磁爐加熱完後，攪拌散熱的動作可能會使水分蒸發量出現差異，影響完成品的分量，所以驗證過程中的降溫步驟統一不攪拌。

【製作糖煮杏桃】

6 將水、精製白糖倒入鍋子，杏桃不用解凍直接加入，以中火加熱（**g**）。

> **point** 杏桃解凍後才下鍋很容易煮到爛掉化開，所以建議不要解凍。

7 持續沸騰烹煮5分種，直到杏桃變軟（**h**）。

8 倒入碗中，等到不燙手後，加入杏露酒（**i**），攪拌。

> **point** 先稍微放涼再加杏露酒，以免酒精揮發。

【組裝】

9 品嚐前，將步驟**5**的杏仁豆腐切成適口大小，盛入器皿。

> **point** 用寒天凝固的果凍容易離水，等到品嚐前再切塊即可。

10 佐上步驟**8**的糖煮杏桃，澆淋杏桃湯汁。

※杏仁豆腐可冷藏存放至隔天。糖煮杏桃則能冷藏存放3天。

· 寒天添加率是指液體量或整體量對應的寒天添加比例。外包裝可能會清楚記載液體量或整體量，也可能標示不清。這裡的驗證則是指「材料液體量對應的寒天用量」。

· 驗證時若沒有特別說明，原則上都是使用直徑71mm×高62mm、容量130ml的塑膠製布丁杯（附透氣孔柱），每個布丁杯的果凍液約為70g。

· 寒天常溫就會凝固，不過這裡比照業者內部驗證果凍強度時設定的時間，將拍攝與試吃統一設定在15小時後。

· 取出寒天果凍時，不用像驗證吉利丁一樣還要泡熱水。由於寒天具備離水性，只要折斷布丁杯上的透氣孔柱，讓空氣進入後即可取出。

Vérification No.1

改變砂糖量的話？

增加砂糖量
會使寒天果凍變軟，
透明度跟著增加

這裡試著驗證了砂糖量與寒天硬度的關係。

作法是取30、60、120g的微粒子精製白糖驗證，由於寒天添加率必須是液體量的0.8%，所以搭配的水量會是270、240、180g，寒天用量則為2.2g、1.9g、1.4g（0.8%）。以電磁爐加熱，加熱時間依總量作下述調整。考量到本驗證是以鍋具加熱，水分蒸發量容易出現落差，為了確認烹煮完後的分量，這裡特別將水及精製白糖的合計用量統一為300g。另外，使用的是伊那寒天粉。

A 水270g、精製白糖30g、寒天2.2g（0.8%），
電磁爐加熱4分15秒。

B 水240g、精製白糖60g、寒天1.9g（0.8%），
電磁爐加熱4分5秒。

C 水180g、精製白糖120g、寒天1.4g（0.8%），
電磁爐加熱3分50秒。

A、**B**、**C** 都吃得到寒天獨特的脆硬口感。**A** 停留在口中的時間最長，隨著 **B**、**C** 砂糖用量的增加，在口中化開的速度也跟著變快。從布丁杯取出時的高度排序為 **A** > **B** > **C**，可以看出砂糖增加會使成品變軟，因此較難維持住形狀。

外觀差異也很明顯，**A**、**B**、**C** 隨著砂糖量的增加，透明度也跟著增加。這跟驗證吉利丁和洋菜粉時的結果相同（驗證①「改變砂糖量的話？」〈吉利丁P.30〉〈洋菜粉P.90〉），看來，砂糖本身就具備讓果凍更透明的作用。

A 精製白糖30g

B 精製白糖60g

C 精製白糖120g

改變寒天量的話？

寒天量愈多，果凍凝固後愈扎實，邊角會很明顯

業者其實都會訂出寒天的基本添加率（使用量），這裡還是試著驗證看看，不同用量會產生怎樣的變化。

作法是以水300g、微粒子精製白糖60g，分別搭配液體量0.4、0.8、1.6%的寒天。加熱方式統一用電磁爐加熱4分40秒。使用的是伊那寒天粉。

A 寒天1.2g（0.4%）
B 寒天2.4g（0.8%）
C 寒天4.8g（1.6%）

A、**B**、**C** 都吃得到寒天獨特的脆硬口感，其中 **A** 感覺最軟。**B**、**C** 的寒天量較多，所以質地也較硬。甜味感受上則是 **A** 最明顯，**B**、**C** 隨著寒天量增加，甜度會跟著下降，**C** 幾乎吃不出甜味。

無論是口感還是甜味，驗證結果都與吉利丁、洋菜粉相同（驗證②「改變吉利丁量的話？」〈P.32〉、驗證②「改變洋菜粉量的話？」〈P.91〉）。

另外，除了最軟的 **A** 離水外，**B** 過段時間也會離水，反觀 **C** 就算放置一段時間，也沒有離水情況。由此可知，只要充分凝固，就不易出現寒天具備的離水性。

添加量會影響品嚐時味道的擴散表現，各位不妨參考產品規定量，找到自己喜愛的口感。

A 寒天1.2g（0.4%）

B 寒天2.4g（0.8%）

C 寒天4.8g（1.6%）

改變檸檬汁（酸）添加量的話？

檸檬汁愈多，
寒天果凍會變愈軟

製作果凍經常會添加帶酸味的水果。那麼，酸會對寒天帶來什麼影響呢？這裡針對果凍添加檸檬汁後會出現什麼變化進行驗證。

材料統一為微粒子精製白糖60g、寒天2.4g（液體量的0.8%），並分別添加20g、40g、60g的檸檬汁。水量會以0.8%吉利丁添加率為基準，分別調整成280g、260g、240g。以電磁爐加熱，加熱時間則是依總量作下述調整。使用的是伊那寒天粉。

驗證酸含量影響的同時，也驗證了加熱對酸是否會造成影響。

A、**B**、**C** 的步驟是「寒天＋精製白糖→加入水中→電磁爐加熱→添加檸檬汁」，**D** 則是「寒天＋精製白糖→加入水中→添加檸檬汁→電磁爐加熱」。雖然業者不建議使用 **D** 方法，這裡還是納入驗證。

A 水280g、檸檬汁20g。電磁爐加熱4分20秒後再添加檸檬汁。

B 水260g、檸檬汁40g。電磁爐加熱4分15秒後再添加檸檬汁。

C 水240g、檸檬汁60g。電磁爐加熱4分鐘後再添加檸檬汁。

D 水240g、檸檬汁60g。先加檸檬汁再電磁爐加熱4分25秒。

A 吃得到寒天獨特的脆硬口感，**B** 相較下沒那麼明顯，**C** 則是完全不覺得脆硬。隨著酸含量的增加，果凍質地也變得脆弱。

另外，**A**、**B** 跟其他凝固劑的驗證一樣，都能輕鬆脫模，**C**、**D** 卻會解體分離。其中，**D** 更是整個黏在布丁杯上。

由此可知，隨著檸檬汁添加量的增加，寒天果凍會變得脆弱容易解體。換個說法就是「能增加果凍軟度」、「降低膠強度」。

另外，如果是等量檸檬汁，比較先加熱再加檸檬汁的 **C**，以及先加檸檬汁再加熱的 **D**，會發現 **D** 很難脫模，甚至已經呈現膠化解體狀態。

如果要製作酸味材料的寒天果凍，就必須調整材料用量，例如增加寒天量。

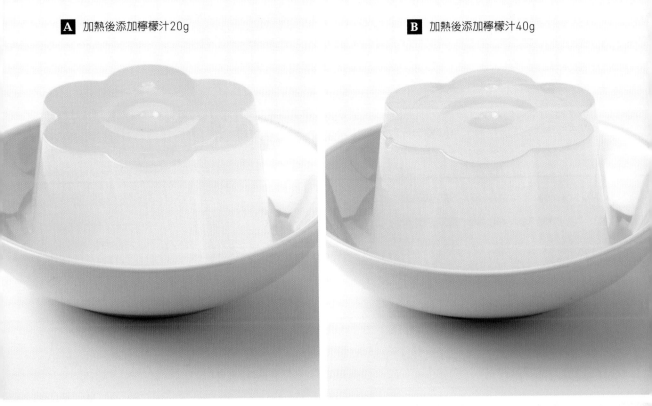

A 加熱後添加檸檬汁20g

B 加熱後添加檸檬汁40g

C 加熱後添加檸檬汁60g

D 先加檸檬汁60g，再加熱

133

改變鮮乳種類的話？

有可能無法順利凝固

吉利丁和洋菜粉雖然是拿鮮乳和鮮奶油作比較驗證（P.38、P.96），但西式甜點較少用寒天來凝固鮮奶油，所以這裡改為比較一般鮮乳與脫脂牛奶。

作法是取300g一般鮮乳及脫脂牛奶，分別添加精製白糖60g、寒天2.4g（液體量的0.8%）。統一用電磁爐加熱4分40秒。另外，使用的是伊那寒天粉。

A 一般鮮乳（牛乳脂肪含量3.6%以上、無脂固形物8.4%以上）

B 脫脂牛奶（無脂加工乳脂肪含量0.1%以上、無脂固形物9.5%以上）

A 會看見斑駁紋樣，口感則是不帶脆硬感，同時也是所有驗證項目中，口感最滑順的成品。**B** 則是明顯出現分離，白色部分很軟，口感細滑且帶甜味。不過，大部分都呈現混濁狀，質地偏硬且甜味淡薄。

另外，寒天加熱沸騰後還要持續烹煮2分鐘，如果材料中含乳類製品，持續滾沸會引起梅納反應，進而產生褐變及乳臭味，還有可能使蛋白質變性。

其實，寒天只要用水煮融化就能充分發揮效果，如果只用牛奶煮滾，反而無法掌握添加量是否具備足夠的凝固力。

再者，脫脂牛奶會對味道和外觀帶來很大影響，製作甜點建議使用一般鮮乳即可。

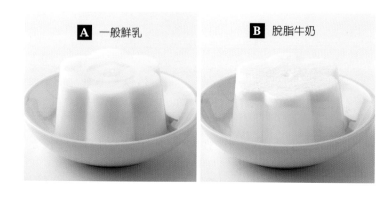

A 一般鮮乳　　**B** 脫脂牛奶

Vérification No.5

改變砂糖種類的話？

成品硬度不同，甜味呈現也會改變

前面透過驗證①「改變砂糖量的話？」（P.128），得知砂糖添加量會影響硬度。

那麼，砂糖的種類又會對寒天的凝固力帶來怎樣的影響呢？這裡用了精製白糖、上白糖及黑糖進行驗證。吉利丁和洋菜粉的章節也做了相同驗證（P.44、P.104），但考量幾乎不會用寒天搭配Cassonade蔗糖，因此這裡省略Cassonade蔗糖的驗證。

材料統一為水300g、砂糖60g、寒天6g（液體量的2%），加熱條件皆是以電磁爐加熱4分40秒。砂糖種類如下。另外，使用的是伊那寒天粉。

A 精製白糖
B 上白糖
C 黑糖

就結果來說，製作甜點常用的 **A** 精製白糖成品滑順。**B** 上白糖質地最硬，吃不太出甜味。**C** 黑糖的質地也偏硬，能明顯感受到脆硬口感。**C** 除了具備黑糖特有風味及甜味外，還出現離水現象。

A 精製白糖和 **B** 上白糖在甜味呈現上之所以會出現差異，除了砂糖種類帶來的落差外，化口度本身應該也會產生影響。

不只是吉利丁、洋菜粉，就連寒天也一樣，不同的砂糖種類會影響成品硬度和甜味呈現，所以製作時務必納入考量，挑選合適的砂糖。

A 微粒子精製白糖

B 上白糖

C 黑糖

糕點製作基本

本頁將解說「打發鮮奶油的方法」及「擠花袋使用法」。
兩者都是製作書中慕斯時不可或缺的步驟，各位不妨記住訣竅。

［打發鮮奶油的方法］

用鮮奶油製作慕斯時，不用像製作造型蛋糕一樣，
打到豎起明顯尖角，稍微打發即可。

將鮮奶油和精製白糖倒入料理盆，盆底浸泡冰水，用手持式電動打蛋器打發。

point 打發過程會受室溫影響，無論是夏天還是在暖氣房內作業都要多加留意。

point 未使用精製白糖的甜點也是用相同方式打發。

稍微打發。使用前存放冰箱冷藏。要使用的時候，再用手持式電動打蛋器打到細緻均勻。

point 一旦過度打發，跟果泥或奶酪混合時就會使慕斯口感太硬，不易化口，務必多加留意。

point 稍微看得出攪拌痕跡就OK！

［擠花袋使用法］

將慕斯擠入容器或是要將達克瓦茲蛋糕的麵糊擠在烤盤時，
可以使用花嘴和擠花袋作業。

花嘴放入擠花袋，套進杯子，將麵糊倒入擠花袋中。

point 將花嘴往下壓，擠花袋上方纏繞固定。

一手扶著擠花袋，一手握著擠花袋上方，擠出慕斯或麵糊。

point 慕斯或麵糊很容易受損，所以擠花過程中要特別留意。

point 將慕斯擠入容器時，無需左右移動，直接邊擠邊拿高擠花袋。

point 擠達克瓦茲蛋糕的麵糊時，要慢慢地邊移動邊擠。而且要立刻擠，以免蛋白霜消泡。

果膠粉

pectin

雙果法式軟糖

Pâtes de fruits aux fruits de la passion et à la mangue

我想要完整呈現出在巴黎品嚐法式軟糖時所感受到的水果滋味，因此想出了這道食譜。製作關鍵在於充分煮到收汁。如果汁液收得不夠乾，吃起來除了會覺得太甜，甚至無法凝固。

撒上粗顆粒砂糖不僅可以避免沾附過量，還能抑制甜味。為各位獻上不愛吃法式軟糖的人一定要品嚐看看的甜點。

材料

12cm方形1片分、約16顆

芒果果泥（冷凍、含糖）	50g
百香果果泥（冷凍、含糖）	150g
微粒子精製白糖	180g
HM果膠粉	5g
酒石酸	1g
水	1g
裝飾用糖	適量

準備作業

● 芒果果泥、百香果果泥解凍混合備用

● 精製白糖和果膠粉混合備用（**a**）

> **point** 果膠粉粒子細小，容易吸水，直接與水分混合的話容易結塊，所以務必先與砂糖等其他材料混合。

● 酒石酸和水充分拌勻備用（**b**）

> **point** 酒石酸是製作法式軟糖不可或缺的材料，用來添加酸性。

● 烘焙紙裁切成15cm方形，擺上慕斯模（單邊12cm），將邊緣折起，黏上透氣膠帶固定（**c**）

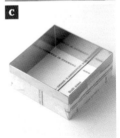

雙果法式軟糖

作法

1 將果泥倒入鍋子，稍微加熱。邊攪拌邊加入預拌好的精製白糖和果膠粉（**d**）。

> **point** 果膠粉很容易結塊，務必邊拌邊加。

2 中火加熱，用打蛋器持續攪拌（**e**），煮到收汁。當整體的氣泡會緩慢破裂，溫度達到106℃左右時（**f**）即可關火。

> **point** 要同時確認氣泡狀態及溫度。溫度達到104℃時顏色會開始變濃，就差不多準備關火。確認繼續攪拌也不會使溫度下降時，即可關火停止加熱。

> **point** 無法凝固就表示汁液收得不夠乾。沒有收乾汁液會影響甜味呈現，所以務必確認溫度。

> **point** 汁液溫度很高，小心不要燙傷。

3 立刻加入預拌好的酒石酸水（**g**），充分拌勻。

4 將備好的慕斯圈放上烤盤，倒入**3**（**h**），常溫放置5小時。

5 凝固後，用溫熱的菜刀插進慕斯圈和法式軟糖之間（**i**）。

> **point** 菜刀澆淋熱水加溫，要確實擦乾水分再使用。

> **point** 沿著四個邊插入菜刀，會比較好脫模。

6 撕開黏在慕斯圈的烘焙紙，拿起慕斯圈（**j**）。

7 用溫熱的菜刀將軟糖分切成30mm塊狀（**k**）。

> **point** 可以用尺丈量，在30mm處劃刀做記號，這樣大小會比較一致。

> **point** 法式軟糖很黏，必須一次下刀切開，所以要準備刀刃至少12cm長的刀子。

8 將裝飾用糖倒入保鮮盒，放入步驟**7**的法式軟糖（**l**）。撕掉烘焙紙（**m**），用橡膠湯匙翻動軟糖（**n**），沾裹砂糖（**o**）。

※放入密閉容器，置於陰涼處可存放一星期。不過，裝飾用糖會融化，如果要存放一段時間，建議品嚐前再撒糖。

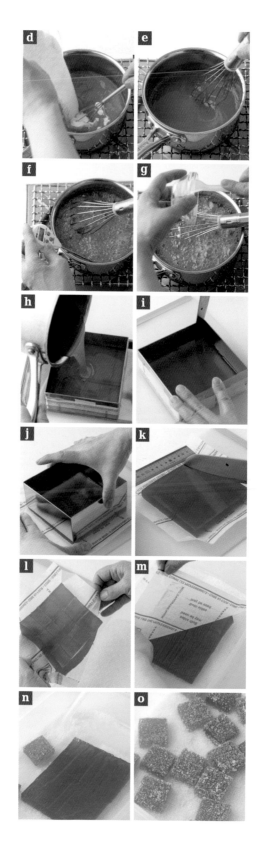

改變酒石酸用量的話？

酒石酸一旦過量，
就無法順利膠化

這裡試著驗證了改變酒石酸用量的話，會對法式軟糖成品帶來怎樣的影響？

作法以P.139～P.140為基準，並做以下變更。

・使用電磁爐加熱，維持固定火力。用瓦斯加熱較難維持穩定火候，容易使成品量產生差異。

A 酒石酸1g＋水1g（與P.139～140同量）

B 無添加酒石酸

C 酒石酸5g＋水5g

外觀上幾乎沒有差異。實際品嚐後，會發現依 **A**、**C**、**B** 順序愈變愈軟。就不同的酒石酸用量來看，**A** 的凝固程度適中，**C** 可能因為酒石酸含量太多，反而無法順利膠化，**B** 雖然沒有添加酒石酸，但百香果本身帶酸，不過推測百香果酸度不足，因此未能順利凝固。

放到隔天又會發現，愈軟的成品裝飾用糖會明顯融化。

法式軟糖的果膠粉、酸度、糖度都必須滿足一定的條件後，才有辦法凝固。換句話說，想要刻意減少砂糖用量，做出酸味明顯的法式軟糖非常困難。各位在製作時，務必考量味道與果膠粉用量的搭配性。

結尾 *epilogue*

本書將主軸聚焦在果凍、慕斯及凝固劑。

各位讀完後有什麼感想呢？

這裡比照前一本著作，除了說明驗證內容，也刊載了幾道我嚴選的美味食譜。

自從我心中出現想要寫一本有關「凝固劑」著作的念頭後，

就不斷試作比較。

持續驗證的同時卻又冒出新的疑問，

「下次如果這樣做應該會蠻有趣的？」、「讀者會想知道這些內容嗎？」，

也使得我想驗證的項目不斷增加，很可惜無法全部納入書中。

這次也實際驗證一些經常聽聞的說法，

發現跟預期的結果不同，實在非常有趣。

另外，品嚐時的溫度、不同的品嚐者都會對口味感受帶來差異，

所以這次協助我進行驗證、試吃的人員比撰寫第一、第二本著作時更多。

也因此發現，原來每個人對口感的詮釋不盡相同。

書中的驗證項目都是以在家中製作、實際試吃確認過口感為前提忠實呈現，

讓讀者們能更容易套用在糕點製作上。

透過本書的驗證，我們能再次感受到，

凝固劑作為糕點材料的趣味之處，

不只是製作慕斯時能夠凝固材料，

還能透過與其他素材的組合搭配，

影響口感表現與風味呈現。

另外，摻雜於其中的化學要素對於成品也會帶來影響。

在不斷驗證的過程中，

我有種陷入「凝固劑泥沼」的感覺。

本書刊載的驗證內容等級，不過是這片凝固劑泥沼的入口階段。

我希望能透過本書，

讓各位感受到製作糕點的趣味與快樂。

也期待讀者們能將內容運用在糕點之路上。

撰寫本書時，得到許多廠商、朋友們的協助。

除了無法一語道盡的感謝，

更期待這本書能讓讀者，甚至是讀者的家人們受用良多。

竹田薰

作者

竹田薰

西式糕點研究家、製菓衛生師。自幼開始製作糕點，更在日本國內外各種糕點教室及糕餅店學習知識。

目前於家中開設料理家及專業職人也會參加的西式糕點教室。

除了教授講究的食譜及自創方法外，更會從中探討「失敗的原因」、「為何選用此材料」等理論，其明確的上課方式廣受好評，並活躍於媒體界與活動場合。著有《狂熱糕點師的洋菓子研究室》、《狂熱糕點師的「乳化＆攪拌」研究室》（皆由瑞昇出版）。

TITLE

狂熱糕點師的「凝固劑」研究室

STAFF

出版	瑞昇文化事業股份有限公司
作者	竹田薰
譯者	蔡婷朱
創辦人/董事長	駱東墻
CEO/行銷	陳冠偉
總編輯	郭湘齡
責任編輯	張聿雯
文字編輯	徐承義
美術編輯	謝彥如
校對編輯	于忠勤
國際版權	駱念德 張聿雯
排版	二次方數位設計 翁慧玲
製版	明宏彩色照相製版有限公司
印刷	桂林彩色印刷股份有限公司
法律顧問	立勤國際法律事務所 黃沛聲律師
戶名	瑞昇文化事業股份有限公司
劃撥帳號	19598343
地址	新北市中和區景平路464巷2弄1-4號
電話	(02)2945-3191
傳真	(02)2945-3190
網址	www.rising-books.com.tw
Mail	deepblue@rising-books.com.tw
本版日期	2023年11月
定價	480元

ORIGINAL JAPANESE EDITION STAFF

撮影	福原 毅
アートディレクション	大薮胤美（株式会社フレーズ）
デザイン	宮代佑子（株式会社フレーズ）
DTP	江部憲子、小松桂子（株式会社フレーズ）
スタイリング	水嶋千恵
企画・編集	平山祐子
調理アシスタント	近藤久美子
校正	ディクション株式会社
special thanks	ほりえさわこ

國家圖書館出版品預行編目資料

狂熱糕點師的「凝固劑」研究室 = Kaoru Takeda maniac lesson/竹田薰作；蔡婷朱譯. -- 初版. -- 新北市：瑞昇文化事業股份有限公司, 2023.08

144面；18.2X25.7公分

ISBN 978-986-401-649-5(平裝)

1.CST: 點心食譜

427.16　　　　　　　　　　　112011002